Philippe Roqueplo

Entre savoir et décision, l'expertise scientifique

Une conférence-débat organisée par le groupe *Sciences en questions*, Paris, Inra, le 9 avril 1996.

Éditions Quæ

Retrouvez nos ouvrages parus dans la collection
« Sciences en questions » :
https://www.quae.com/collection/14/sciences-en-questions

© INRA, 1997
ISBN : 8-7380-0713-9
ISSN : 1269-8490

© Éditions Quæ, 2024
ISBN papier : 978-2-7592-3997-9
ISBN PDF : 978-2-7592-3998-6
ISBN epub : 978-2-7592-3999-3
ISSN : 1269-8490

Éditions Quæ
RD 10
78026 Versailles Cedex

www.quae.com
www.quae-open.com

Sommaire

Préface
Un expert en expertise

> *Le pré est vénéneux mais joli en automne*
> *Les vaches y paissant lentement s'empoisonnent.*
> *Guillaume Apollinaire, Alcools, 1913.*

Depuis qu'Apollinaire a écrit ce poème, les progrès de l'alimentation animale ont offert aux vaches des occasions de s'empoisonner tout aussi sûrement qu'en broutant les colchiques des prés.

D'où vient la maladie qui rend les vaches folles ? Se transmet-elle à l'homme comme d'aucuns pensent qu'elle s'est déjà transmise du mouton à la vache puis de la vache au chat et du chat à la souris ? Les scientifiques sont sur la sellette, la science même est en question. Elle l'est doublement : pour avoir promu les méthodes d'alimentation rationnelles, mais assurément peu raisonnables, d'où semblent, nous disent les experts, procéder la maladie ; pour être incapable, dans l'état actuel des connaissances, de répondre de manière assurée aux questions posées et de préconiser des mesures propres à rétablir la confiance.

De la science, l'opinion publique attend en général des réponses simples. Le climat change-t-il ? S'il change, à quoi et à qui en imputer la responsabilité ? Faut-il craindre un autre Tchernobyl ? Si oui, pourquoi pas en France ? Les forêts dépérissent-elles ? Et si elles dépérissent, les pluies acides en sont-elles responsables, ou est-ce le protoxyde d'azote ? Le prion est-il passé via les farines de viande du mouton à la vache ? Doit-on penser que les quelques cas atypiques de la maladie de Creutzfeldt-Jakob aujourd'hui répertoriés sont l'indice d'une possible transmission à l'homme ? Force est de constater qu'à toutes ces questions, les scientifiques ne peuvent le plus souvent répondre qu'en faisant état de leurs doutes, voire de leurs divergences. L'angoisse du public s'alimente ainsi tout autant des progrès de la connaissance – ceux qui permettent de détecter le danger mais aussi ceux qui le produisent – que du sentiment pas toujours justifié de l'incapacité des experts à dégager des certitudes et à fournir des solutions.

Parce qu'ils ont à faire des choix qui peuvent engager plusieurs générations ou des pans entiers de l'activité économique, les hommes politiques sont placés dans une situation particulièrement inconfortable par la divergence des avis spécialisés, la prudence excessive des scientifiques ou à l'inverse la conviction d'experts trop formels[1]. On comprend qu'ils puissent être très partagés entre l'urgence d'intervenir et celle de ne rien faire. Quant à l'expert, il doit traduire ce qu'il sait et si possible occulter ce qu'il ignore, en fonction des enjeux sociaux, économiques et politiques dans lesquels volens nolens il se trouve engagé. À l'évidence, il ne pèsera pas de la même manière ce dont il est sûr et ce dont il doute s'il s'agit de gérer la santé du cheptel, de préserver les hommes d'une épidémie potentiellement dramatique, de redresser le marché de la viande de bœuf ou de sauver la profession de tripier !

L'expertise scientifique est à l'ordre du jour à l'Inra, où un débat est lancé sur la fonction et sur la figure de l'expert même, et il a semblé aux membres du groupe *Sciences en questions* que Philippe Roqueplo était l'homme qu'il fallait pour faire progresser cette réflexion parmi nous. Deux raisons à cela : la première est qu'il est omniprésent dans la bibliographie relative à l'expertise scientifique, sujet qu'il a personnellement largement contribué à identifier et à faire reconnaître ; la seconde est qu'il n'a cessé d'expliquer que la controverse entre experts prend nécessairement une tournure conflictuelle du fait même qu'il s'agit d'expertise. Loin de le déplorer, il s'emploie à montrer qu'une véritable expertise suppose que cette confrontation soit gérée de manière

---

1 J. Theys et B. Kalaora (dir.) : *La Terre outragée. Les experts sont formels !* Paris, Éditions Autrement, 1992.

à rendre visibles la part de controverse scientifique qu'elle contient et la part de conflits résultant des surdéterminations normatives inhérentes à la transformation de tout savoir en expertise.

Ayant tenté de dire pourquoi Philippe Roqueplo est en mesure d'intervenir avec efficacité et en toute indépendance d'esprit dans les débats qui traversent actuellement notre institut, il me faut enfin le présenter, ce que je ne saurais faire que de manière très imparfaite. Je ne connais en effet Philippe Roqueplo qu'à travers la lecture de certains de ses articles et de ses deux derniers ouvrages, à savoir *Pluies acides, menace pour l'Europe*[2] et *Climat sous surveillance*[3], et pour avoir, il y a une petite quinzaine d'années, discuté avec lui un soir jusqu'à plus soif, chez un ami commun. La polémique concernant les pluies acides battait alors son plein, et les hypothèses se multipliaient, les Allemands évoquaient la mort des forêts, quand les Français parlaient plus prudemment d'un dépérissement attribué aux pollutions atmosphériques.

Philippe Roqueplo est né en 1926. Après de brillantes études qui le conduisent à l'École polytechnique, il travaille à l'EDF où il s'occupe de la programmation de la gestion des réserves en eau. On le retrouve quelques années plus tard enseignant la philosophie des sciences à l'Institut catholique de Paris. Est-ce avant, pendant ou plus tard qu'il tient la chronique scientifique de *Politique Hebdo*, je ne sais. Est-ce avant, pendant ou plus tard qu'il crée *La gazette nucléaire*, je ne le sais pas davantage. La première fois que je l'ai rencontré, il était chargé du secteur énergie au Cabinet d'Huguette Bouchardeau, alors ministre de l'Environnement, et se passionnait pour les pluies acides. C'est alors qu'il a commencé à s'intéresser au rôle que jouent les scientifiques dans les processus

---

2 Ph. Roqueplo. *Pluies acides : menaces pour l'Europe*. Paris, Economica, coll. «CPE/ Economica», 1988.

3 Ph. Roqueplo. *Climats sous surveillance. Limites et conditions de l'expertise scientifique*. Paris, Economica, 1993.

décisionnels de la sphère politique, en particulier en ce qui concerne l'environnement. Devenu directeur de recherche au CNRS, il y développe son analyse de l'expertise scientifique, en la resituant dans le cadre plus large d'un programme de recherche sur les conditions d'un contrôle démocratique du développement technologique.

Je cède la parole à Philippe Roqueplo en lui laissant le soin de rectifier ou compléter ce portrait trop sommaire, non sans le remercier à nouveau d'avoir accepté d'apporter son concours à notre réflexion collective.

Raphaël Larrère,
Directeur de recherche Inra

Entre savoir et décision, l'expertise scientifique

Introduction

Je ne pourrais sans doute pas trouver meilleure introduction que cet extrait de l'appel de Heidelberg, qui fut comme vous le savez signé par quelque 400 scientifiques, dont 59 prix Nobel, au début du mois de juin 1992, alors que s'ouvrait le Sommet de Rio.

> «Nous soussignés, membres de la communauté scientifique et intellectuelle internationale, [...] exprimons la volonté de contribuer pleinement à la préservation de notre héritage commun, la Terre. Toutefois, nous nous inquiétons d'assister, à l'aube du XXIe siècle, à l'émergence d'une idéologie irrationnelle qui s'oppose au progrès scientifique et industriel et nuit au développement économique et social. Nous affirmons que l'état de nature, parfois idéalisé par des mouvements qui ont tendance à se référer au passé, n'existe pas et n'a probablement jamais existé depuis l'apparition de l'homme dans la biosphère, dans la mesure où l'humanité a toujours progressé en mettant la nature à son service[4] et non l'inverse. Nous adhérons totalement aux objectifs d'une écologie scientifique axée sur la prise en compte, le contrôle et la préservation des ressources naturelles. Toutefois, nous demandons formellement par le présent appel que cette prise en compte, ce contrôle et cette préservation soient fondés sur des critères scientifiques et non pas sur des préjugés irrationnels [...]. Notre intention est d'affirmer la responsabilité et les devoirs de la Science envers la société dans son ensemble. Cependant, nous mettons en garde les autorités responsables du destin de notre planète contre toute décision qui s'appuierait sur des arguments pseudo-scientifiques ou sur des données fausses ou inappropriées.»[5]

---

4 Le texte anglais est encore plus explicite : «harnessing Nature to its needs».

5 *Le Monde*, 3 juin 1992.

Cette lecture faite, je dois à mon tour vous remercier : vous avez eu l'amabilité de m'inviter et j'en suis très content parce que, figurez-vous, c'est presque la première fois que je vais parler devant un auditoire sans devoir d'abord le convaincre que l'expertise scientifique est un sujet d'une certaine importance !

Mais afin de vous permettre de mieux savoir qui vous parle, je vais au préalable achever de me présenter, ainsi que m'y a invité Raphaël Larrère. J'ai été intégré sur titres au CNRS en 1979, sur le thème de recherche suivant : « Conditions d'un contrôle démocratique du développement technologique ». Par la suite, j'ai été détaché – avec le consentement d'Alain Touraine qui était à ce moment-là mon directeur de laboratoire – au Centre de prospective et d'évaluation du ministère de la Recherche nouvellement créé, où j'ai eu durant deux ans la responsabilité du département d'Évaluation de la recherche, évaluation concernant tout à la fois les chercheurs, les équipes et les programmes de recherche. Je m'y suis consacré à dresser l'inventaire des pratiques existantes, tant au niveau national qu'au niveau international, et à élaborer une doctrine générale de l'évaluation en ces domaines. J'ai ensuite été appelé, comme il a été dit, au cabinet d'Huguette Bouchardeau pour m'occuper de la planification et surtout des questions d'énergie. J'y suis resté environ 18 mois, avant de revenir au Centre d'étude des mouvements sociaux, dont j'étais membre, pour entreprendre une recherche sur le traitement politique de l'affaire des pluies acides en Europe. Je me suis alors aperçu que de nombreux scientifiques étaient intervenus dans cette affaire pour dire à peu près tout et n'importe quoi. Ce constat m'a, dans un premier temps, passablement désarçonné, puis je me suis dit que ce phénomène constituait en lui-même un objet pertinent de recherche. C'était à l'époque où les problèmes de climat et d'effet de serre prenaient de l'importance et j'ai pensé qu'il y avait là un bon terrain pour étudier le fonctionnement de l'expertise scientifique. J'ai travaillé près de cinq ans sur ce sujet. La question que je me suis posée, et sur laquelle je travaille encore, porte sur le rôle joué par les scientifiques dans les processus de décision politique.

C'est de cette question que je vais vous entretenir, mais à dire vrai, elle se pose dans des situations tellement diverses que l'on peut se demander si cela a un sens quelconque de la formuler en des termes si généraux. Ainsi le mode d'intervention des scientifiques dans le traitement politique de l'affaire des pluies acides fut-il très différent de ce qu'il est aujourd'hui dans l'affaire de l'effet de serre. Pourtant, il existe au moins un trait commun à toutes ces situations : c'est que l'on se trouve à chaque fois à l'interface de la connaissance et de la prise de décision. Prenant acte de cette constatation, on pourrait se lancer dans une étude d'ordre psychologique sur la théorie de la décision. Ce n'est naturellement pas ce que j'ai l'intention de faire. Ce que je vous propose, c'est de regarder d'un point de vue sociologique comment les choses se passent entre le monde de ceux qui « font métier de connaître » et le monde de ceux qui « font métier de décider ». Sous quelle forme ceux qui ont à décider interrogent-ils ceux qui sont censés avoir la connaissance et sous quelle forme ces derniers communiquent-ils la connaissance à ceux qui en ont besoin pour décider ? Le terme d'expertise désigne précisément à mon sens cet apport de la connaissance à la décision, et recouvre un concept que je vais m'efforcer, dans la première partie de cet exposé, de cerner avec rigueur.

Première partie

De la science à l'expertise scientifique

L'expert, fournisseur de connaissance

Parlons d'abord de l'expertise en général, qu'elle soit juridique, médicale, agricole, que sais-je? Quelqu'un qui doit prendre une décision souhaite le faire en connaissance de cause. Il s'adresse donc à une personne ou à une institution qu'il juge compétente dans le domaine où se situe cette décision, afin qu'elle lui fournisse tout ou partie de cette « connaissance de cause ». Si cette personne ou cette institution accepte de répondre à cette demande – c'est là la première thèse que je vais développer – elle est par le fait même établie comme expert, pour le cas considéré, auprès de celui qui l'interroge ainsi.

Ici se pose un problème de vocabulaire qui est une source considérable de malentendus, surtout avec des interlocuteurs anglo-saxons. J'ai dit: « cette personne se trouve par le fait même établie comme expert » et non « établie comme experte ». J'aurais pu le dire, puisque le mot expert peut être utilisé soit comme adjectif, soit comme substantif masculin. Or son sens n'est pas le même dans les deux cas. Employé comme adjectif, le mot expert(e) signifie compétent(e), qualifié(e) dans un domaine donné. C'est l'unique sens du mot en anglais. Le substantif quant à lui désigne quelqu'un dont la fonction est de formuler une expertise. Beaucoup de difficultés concrètes – y compris et surtout pour les experts – résultent de l'équivoque introduite par cette double signification.

Ne croyez pas qu'il s'agisse d'une simple question de mots. Prenons pour exemple le cas d'un chercheur de l'Inra officiellement dépêché par le gouvernement «en tant qu'expert» pour représenter la France dans une négociation à Bruxelles. Dès lors que ce chercheur est mandaté pour faire œuvre de négociateur, il va de soi que sa mission consiste à défendre certains intérêts, en particulier ceux de la France. Il jouit ipso facto d'une délégation de pouvoir le situant d'emblée du côté des décideurs. Si ceux qui l'envoient ainsi éprouvent le besoin d'utiliser à son sujet le mot d'expert, c'est pour signifier qu'ils le considèrent comme suffisamment qualifié pour intervenir avec compétence dans le processus de décision auquel il doit participer. Le message adressé aux autres négociateurs est grosso modo le suivant: «Nous lui faisons confiance et vous pouvez lui faire confiance, car il connaît la question.» S'il s'agissait non pas d'un homme mais d'une femme, il conviendrait alors de dire qu'elle est envoyée non pas en tant qu'expert, mais parce qu'experte dans le domaine considéré. C'est bien en effet en raison de sa compétence dans le domaine qu'on lui confie un rôle particulier, mais ce rôle ne consiste nullement, dans ce cas, à formuler une expertise. Bien entendu, la même personne pourra, en une autre occasion, et toujours en raison de sa compétence, être mandée comme expert. Sa mission sera alors d'une toute autre nature.

Ceci mériterait d'être clairement précisé dans chaque cas. Si, dans des circonstances déterminées, un chercheur se voit affublé du titre d'expert, il doit savoir ce que ce titre signifie réellement et ce qu'il implique pour lui. Comme je viens de vous le montrer, l'usage du terme d'expert est trop ambigu pour que son emploi suffise à déterminer la mission qu'il recouvre. Revenons à notre chercheur dépêché à Bruxelles. On peut, en première analyse (les choses sont plus nuancées et j'y reviendrai) distinguer deux situations:
– ou bien le gouvernement français, s'alignant sur l'usage anglo-saxon, lui confère le titre d'expert pour manifester qu'il le juge apte à jouer le rôle de négociateur qualifié dans le domaine concerné, auquel cas, comme je l'ai dit, on attend de lui qu'il mette ses connaissances au service de son rôle

politique de négociateur. Il a alors besoin de recevoir des consignes d'ordre politique et il est en droit d'exiger que ces consignes lui soient fournies ;
– ou bien il est envoyé au nom de son expérience et de ses connaissances comme expert chargé de contribuer à l'élaboration d'un « jugement de vérité » sur tel ou tel aspect d'un problème donné : oui ou non, les pluies acides font-elles dépérir les forêts ? Oui ou non, la maladie des vaches folles est-elle transmissible à l'homme ?

À ce propos, j'ai lu il y a quelques semaines dans la presse que « les experts » réunis à Bruxelles n'étaient pas parvenus à se mettre d'accord, parce que les experts continentaux étaient d'un avis tandis que les experts britanniques penchaient pour l'avis opposé. Qu'est-ce que cela peut signifier, sinon le fait qu'il s'agissait fondamentalement d'une négociation de nature politique entre représentants d'intérêts opposés, et non d'une expertise formulée en leur âme et conscience par des chercheurs s'appuyant sur leurs connaissances scientifiques ? Les chercheurs concernés seraient à mon avis en faute s'ils présentaient comme expertise scientifique un jugement si manifestement biaisé par leur appartenance nationale.

Je vais par la suite être amené à apporter des nuances à cette opposition trop tranchée, qui a cependant le mérite de la clarté et qui nous permet de préciser la place qu'occupe l'expert scientifique dans le processus de décision auquel il est associé : situé à l'interface de la connaissance et de la décision, l'expert scientifique se trouve sur le versant « connaissance » de cette interface. Sa fonction spécifique au sein du processus de décision consiste précisément à apporter toute connaissance susceptible d'éclairer la décision, dans la mesure bien entendu où il détient ces connaissances.

Si je dis que les scientifiques seraient coupables de présenter comme une expertise scientifique ce qui ne serait en fait qu'une négociation politique entre intérêts opposés, c'est pour dénoncer le jeu hypocrite – pour ne pas dire malhonnête – de ceux qui, de façon volontaire et consciente, se donnent l'apparence de parler au nom de la science alors que leur connaissance ne leur sert en réalité qu'à construire un argumentaire destiné à tenter d'imposer la politique qu'ils ont reçu la charge de défendre. Pour que ce soit honnête, il faudrait dire clairement le jeu que l'on joue et considérer que ce qui est alors officiellement demandé à celui que l'on qualifie d'expert consiste à plaider une certaine cause en convoquant le savoir dont il dispose pour étayer sa plaidoirie. C'est un cas de figure extrêmement fréquent, et j'y reviendrai.

Pour l'instant, à titre de première approche, je vous propose de souscrire à la conclusion suivante : le rôle de l'expert est de fournir de la connaissance et non pas de la décision.

Une connaissance destinée à être intégrée à un processus de décision

Le rôle de l'expert est donc de fournir de la connaissance. Mais ceci ne signifie nullement que l'expertise puisse se définir purement et simplement comme l'expression d'une connaissance. Il s'agit en effet de quelque chose de beaucoup plus précis et subtil : l'expression d'une connaissance formulée en réponse à la demande de ceux qui ont une décision à prendre et en sachant que cette réponse est destinée à être intégrée au processus de décision. Or cette circonstance change beaucoup de choses du point de vue de la connaissance. D'une manière générale, ce qui transforme l'expression d'une connaissance en la formulation d'une expertise, c'est précisément cette insertion dans le dynamisme de la prise d'une décision. Ainsi en va-t-il dans le champ de la science : ce qui transforme un énoncé scientifique en expertise scientifique, c'est le fait que son énonciation soit intégrée au dynamisme d'un processus de décision, et qu'elle soit formulée à l'usage de ceux qui décident. Encore une fois, cela change beaucoup de choses.

En quoi consiste ce changement ? Je dirai d'abord qu'il n'affecte pas nécessairement la forme de l'énoncé. Celui-ci en effet aura toujours l'apparence formelle de l'énoncé d'une connaissance. Et puisqu'il s'agit ici de connaissance scientifique, l'énoncé de l'expert prendra la forme classique d'un énoncé scientifique. Un même énoncé peut donc parfois, sans qu'on lui change une seule syllabe, constituer tantôt un énoncé scientifique stricto sensu, tantôt l'expression d'une expertise scientifique. Tout dépend du contexte dans lequel il est émis.

Prenons un exemple : « Tant de milligrammes de poudre de perlimpimpin par mètre cube d'eau constitue une dose létale pour telle espèce. » Si un tel énoncé est prononcé de la tribune d'un colloque scientifique ou publié dans les colonnes d'une revue scientifique – et par conséquent soumis selon les règles à la critique des membres de la communauté scientifique – alors il s'agit sans ambiguïté d'un énoncé scientifico-scientifique, si je puis dire, destiné à construire la connaissance scientifique. La communauté qui s'en saisit va en scruter les justifications et les implications, le confronter à ses propres résultats, le confirmer ou l'infirmer. Si violentes que puissent être les controverses qui la traversent, cette communauté n'en est pas moins animée par une sorte d'idéologie de la convergence. Nous touchons là ce qui définit la science en tant que telle : le jugement par les pairs et la résolution des controverses par la recherche de procédures permettant de mettre en défaut les énoncés contestés, de manière à imposer (au moins provisoirement) l'accord entre les protagonistes. C'est cela qui distingue le bla-bla ou la dogmatique de la controverse scientifique : le dépassement des désaccords par des protocoles dont les conclusions s'imposent à tous (en attendant leur remise en cause par les conclusions d'autres protocoles !).

Si, en revanche, la même phrase « Tant de milligrammes de poudre de perlimpimpin par mètre cube d'eau… » est prononcée pour répondre à une administration qui cherche à édicter une norme de potabilité de l'eau dans une ville, alors, sans qu'on en ait changé une lettre, c'est une expertise. C'est la même phrase, mais il s'agit d'autre chose.

Une connaissance qui n'a pas le statut de la connaissance scientifique

Malgré l'éventuelle identité de l'énoncé, le statut de la connaissance exprimée par l'expert scientifique n'est plus le statut de la connaissance scientifique. Deux exemples nous permettront de rendre manifeste cette différence de statut.

Le premier est celui de l'affaire des pluies acides. J'interviewais en 1985 un éminent spécialiste des forêts. Il me raconta alors comment il avait, quelque temps auparavant, été lui-même interrogé par un parlementaire chargé par le Premier ministre de l'époque, Laurent Fabius, de faire le point sur les connaissances scientifiques relatives à la situation des forêts tant en France qu'en Allemagne, et plus généralement en Europe. Cette conversation entre le politique (P) et le scientifique (S), telle qu'elle me fut rapportée, peut être résumée par le dialogue suivant :

P : *Qu'en est-il des forêts ? Sont-elles ou non malades ? Et si oui, cela vient-il de la pollution atmosphérique ?*

S : *Il m'est très difficile de répondre à une telle question. Les scientifiques hésitent. Certains signes vont dans un sens, d'autres non. Franchement, à proprement parler, nous ne savons pas.*

P : *Nous avons besoin d'agir en connaissance de cause. Qui, sinon vous, qui êtes spécialiste en la matière, peut nous fournir cette connaissance ?*

S : *Dans la situation actuelle, je vous le répète, la science ne m'autorise pas à prétendre vous donner cette connaissance.*

P : *Eh bien alors, dites-nous au moins ce que vous pensez, ce dont vous êtes convaincu.*

S : *Cela, c'est une autre question. J'y répondrai sans hésiter : je suis convaincu – ou en tout cas je pense – que la forêt est effectivement malade et que la pollution atmosphérique y est pour quelque chose. Je crois en savoir assez pour avoir le droit de vous donner cette réponse.*

Il s'agit là du résumé d'une longue interview d'où ressortait clairement ceci : l'expert scientifique intervenant sur un problème d'environnement tel que les pluies acides est certes un spécialiste des questions sur lesquelles on l'interroge, mais lorsqu'il est ainsi interrogé, ce n'est pas par un collègue scientifique spécialiste des mêmes problèmes que lui : il ne s'agit donc pas d'un débat scientifique. L'interrogation vient de ceux qui ont à traiter sur le plan politique l'affaire environnementale qui agite les populations. L'expert scientifique répond à une question des politiques suscitée par une situation à laquelle l'un et l'autre – le politique et le scientifique – sont confrontés, mais de façon différente : le politique, parce qu'il doit prendre des décisions, le scientifique parce qu'il lui est demandé par le politique de prononcer un diagnostic susceptible de fonder scientifiquement ces décisions. Et c'est là que notre spécialiste des forêts est confronté au problème central de l'expertise. Pourquoi ? Parce qu'il n'a pas la réponse à la question qui lui est posée. Nous examinerons tout à l'heure les raisons pour lesquelles il ne dispose pas de cette réponse. Pour l'instant, je me contenterai de noter que notre expert insiste lui-même fortement sur le fait qu'il n'en dispose pas, et, quoi qu'en disent les signataires de l'appel de Heidelberg, cette situation est tout à fait générale, au moins en matière d'environnement. Il existe bien quelques cas très simples, pour lesquels il n'est guère besoin de faire appel à des experts, du genre « Si je lâche cette pierre, va-t-elle tomber ? » Réponse : « Oui Monsieur, pas de problème ! » Mais d'une façon générale, le scientifique ne dispose pas de réponse aux questions qui lui sont posées, du moins pas de réponse qui puisse être considérée – et là est le point essentiel – comme l'expression directe de son savoir. Il ne sait que répondre.

Que doit-il donc faire ? Refuser de répondre ? Cela reviendrait purement et simplement à refuser d'exercer la fonction d'expert scientifique. C'est effectivement la position adoptée par un grand nombre de scientifiques, mais c'est une position que je crois intenable, surtout de la part des organismes publics de recherche. En effet, à qui s'adressera alors le politique pour obtenir la «connaissance de cause» dont il a besoin? Et comment les chercheurs pourraient-ils refuser de répondre à la société qui les emploie précisément pour obtenir des réponses aux problèmes qu'elle se pose?

Conscient de cette situation, le scientifique fera alors comme notre spécialiste des forêts: il dira, sur la base de son savoir, ce qu'il pense, ce dont il est convaincu. Il exprimera son opinion, mais il l'exprimera dans la forme qu'il utilise pour dire son savoir: «Les forêts sont malades et la pollution atmosphérique y est pour quelque chose.» Qu'il le sache ou qu'il le «pense», la phrase est la même. Ce qui est différent, c'est que dans un cas il s'agit d'un savoir établi, alors que dans l'autre cas il s'agit de l'opinion ou de la conviction personnelle d'une personne compétente.

Deuxième exemple: la solennelle expertise – dont, je pense, vous avez tous entendu parler- formulée à propos de l'avenir du climat par l'IPCC[6] (Intergovernmental panel on climate change). Ouvrons la traduction officielle de son premier rapport, daté de juin 1990. Passées les premières pages de présentation du livre et la table des matières, vient le «résumé pour décideurs», c'est-à-dire l'expertise adressée aux gouvernements. Première ligne du premier paragraphe: «Nous avons la certitude que…» Second paragraphe: «Les calculs nous donnent la conviction que…» Troisième paragraphe: «En nous fondant sur les résultats que donnent les modèles actuels, nous prévoyons que…» Vient ensuite un paragraphe insistant sur le fait que l'insuffisance de nos connaissances affecte ces prévisions de nombreuses incertitudes, paragraphe suivi par un autre dont les premiers mots sont: «Nous estimons que…».

La précision avec laquelle ce texte corrobore les conclusions de l'analyse que je vous ai proposée sur la base de mon

---

6 Qu'il convient d'appeler en France «Groupe intergouvernemental sur l'évolution du climat» (Giec).

enquête relative aux pluies acides est telle que vous pourriez penser que j'ai rédigé ces conclusions en ayant connaissance du texte de l'IPCC. Il n'en est rien, puisque mon livre sur les pluies acides est sorti plus de deux ans avant le rapport de l'IPCC.

L'expert transgresse inéluctablement les limites de son propre savoir

Comme le montrent les exemples que nous venons d'examiner, les experts, lorsqu'ils s'adressent aux politiques, ne leur disent pas « Nous savons ceci ou cela » (ça, c'est le contenu des quelque 350 pages qui suivent le résumé pour décideurs). Ils disent que, malgré l'insuffisance des connaissances dont ils disposent, « ils sont convaincus que », « ils estiment que » et ils moulent l'expression de ces convictions et opinions dans le langage qu'ils ont l'habitude d'utiliser, c'est-à-dire le langage de la science.

Telle est la forme paradoxale que prend l'intervention des scientifiques dès lors qu'ils acceptent d'exercer la fonction d'expert, situation qui les met dans l'obligation de fournir, malgré l'insuffisance de leurs savoirs, cette « connaissance de cause » que leur demandent les politiques. L'obligation de répondre inscrite dans la notion même d'expertise a donc pour conséquence que l'expertise scientifique transgresse alors inéluctablement les limites du savoir scientifique sur lequel elle se fonde.

Bien entendu, il convient de s'interroger sur la fiabilité des convictions et opinions qui s'expriment ainsi, si compétents soient les scientifiques qui les exposent. J'y reviendrai dans la deuxième partie de cet exposé. Néanmoins un point doit être clair : il ne s'agit pas de n'importe quelle pensée, de n'importe quelle opinion, de n'importe quelle conviction, mais d'une pensée, d'une opinion, d'une conviction responsables, fondées sur une compétence reconnue, sur une longue familiarité – ceci est très important – avec le domaine précis du savoir dans lequel se situe tout ou partie du problème posé. La conviction d'un scientifique s'exprimant après mûre réflexion pour répondre, dans le champ de sa compétence, à une question qui lui est officiellement posée, n'est pas la conviction de monsieur Tout-Le-Monde pérorant à la terrasse du café du Commerce.

Je sais bien qu'il est aujourd'hui de bon ton d'ironiser sur la compétence. C'est à mon avis une attitude irresponsable. Ceux qui la professent cessent d'ailleurs d'ironiser dès qu'ils sont personnellement en butte au problème de la compétence : confrontés, par exemple, à une maladie grave, ils consulteront tous leurs amis pour savoir au diagnostic de quel médecin ils peuvent vraiment se fier ou à quel chirurgien ils peuvent confier leur vie. Et c'est bien normal. Mais revenons-en à l'expertise scientifique : ce qui justifie qu'on y ait recours de plus en plus souvent, c'est que la conviction responsable d'hommes reconnus comme compétents dans un domaine donné représente ce dont la société dispose de plus crédible pour fonder son action. Cela fait obligation aux scientifiques (et aux institutions scientifiques) de répondre en osant dire ce qu'ils pensent sur la base de ce qu'ils savent, quand bien même ce qu'ils disent ainsi ne saurait être considéré comme l'expression directe de ce qu'ils savent. Il serait tout de même paradoxal que les scientifiques soient les seuls à ne pas pouvoir s'exprimer sous prétexte qu'il en savent plus que les autres ! Devraient-ils se taire sous prétexte que ce qu'ils savent leur semble insuffisant pour oser répondre ? Faudrait-t-il n'entendre que ceux qui trouvent toujours suffisant le peu qu'ils savent ?

Nous touchons là une question essentielle. Accorder sa confiance à tous ceux qui ont l'audace de s'exprimer publiquement sans examiner les compétences qui les autorisent à avoir cette audace, c'est courir le risque de voir les décisions démocratiques abandonnées aux vents de la démagogie. Certes, la pratique scientifique ne constitue nullement l'unique source de compétence, mais elle n'en demeure pas moins le lieu solide où s'ancre le savoir et c'est la responsabilité politique fondamentale des scientifiques que d'arrimer ainsi l'opinion publique sur le rocher de leur propre savoir. Or ceci suppose qu'ils s'expriment et rendent manifeste la façon dont leurs propres convictions et opinions se fondent sur ce qu'ils savent, quitte à susciter par là-même des critiques mettant publiquement en question la manière dont ils invoquent ainsi leur science pour justifier leur expertise. Je reviendrai sur ce point, que je crois fondamental, dans la quatrième partie de cette communication.

Deuxième partie

Un rôle de plus en plus fréquent pour les chercheurs

Nos œuvres nous quittent et parfois nous menacent

Tandis que je réfléchissais à cette conférence, un article est paru dans Le Monde à propos d'un satellite qui devait bientôt tomber quelque part, mais on ne savait où. On pensait qu'il tomberait en Sibérie et ce fut dans l'océan Atlantique, au large de l'Argentine. Admirable symbole ! La technique permet de lancer une fusée capable de mettre un satellite sur orbite, puis de modifier sa trajectoire en sorte qu'il aille là où l'on veut qu'il aille. Mais que par la suite quelque chose se détraque à son bord et que, de plus, on perde le contact avec lui, et voilà que l'on n'est plus en mesure de prévoir ce qui va se passer !

Ainsi la technique, qui nous permet si bien de maîtriser la Nature, ne nous en donne-t-elle qu'une maîtrise non seulement partielle (parce que limitée à l'ensemble des paramètres pris en compte), mais aussi provisoire. Qu'advient-il lorsque nous ne tenons plus nos œuvres en main ? Lorsque nous n'en assurons plus la maintenance ? Voilà une question qui concerne directement l'Inra : contribuer à maintenir la Nature que nous nous sommes fabriquée est assurément devenu, pour un organisme comme l'Inra, un rôle fondamental. Depuis que nous avons entrepris de modifier de plus en plus profondément le cours de la Nature, nous sommes en effet structurellement devenus un élément essentiel du maintien de ce nouveau cours.

J'illustrerai ce propos par quelques exemples. Celui de la rouille, d'abord : qu'un objet en fer soit abandonné au fond d'un jardin, et il rouillera. C'est inéluctable. Le fer est un produit artificiel. Il n'existe naturellement que sous forme d'oxydes ou de sels divers. Autre exemple tiré du domaine de la physique : celui des « courants baladeurs ». Les appareils électriques (les réfrigérateurs, les imprimantes, les perceuses…) sont en principe équipés de prises de terre. Lorsque le sol est humide, cette mise à la terre généralisée suscite des micro-courants, responsables de nombreux processus d'électrolyse, lesquels dégagent des acides qui attaquent tout : non seulement la casserole oubliée au fond du jardin, mais aussi les conduites métalliques, et en particulier les tuyaux de plomb qui distribuent le gaz. C'est même l'une des principales causes des explosions qui surviennent dans nos villes.

Certes, une telle situation, considérée de façon abstraite et théorique, est parfaitement prévisible, tout comme l'est en principe la trajectoire de chute d'un satellite. Mais l'information est inaccessible, et l'imbroglio des courants baladeurs est lui-même beaucoup trop complexe et contingent pour être démêlé, en sorte que ses conséquences précises sont en définitive parfaitement imprévisibles ! Prenons enfin un exemple agronomique : tant que les engrais et les produits phytosanitaires viennent de « quitter la main » de l'agriculteur qui les épand, à des doses soigneusement calculées pour optimiser les rendements, la situation est claire et parfaitement maîtrisée. On épand les engrais et les pesticides, comme on sème, et puis on récolte. Mais ensuite ? Que se passe-t-il lorsque engrais et pesticides sont abandonnés à la terre ? Dans quels processus entrent-ils ? Qu'en est-il de la nappe phréatique en-dessous ? Du maïs, au-dessus, et du lait de la vache qui consomme ce maïs ? Et de l'enfant qui boit ce lait ?

Un jour advient où nos œuvres nous quittent. Leur devenir retombe alors sous l'empire des lois de la Nature. Le cours de ces lois est régi par la nécessité, et c'est ce qui rend possible leur connaissance et le fait que cette connaissance – c'est-à-dire la science – nous rende, selon l'expression de Descartes, « comme maîtres et possesseurs de la Nature ». Cependant les situations qui résultent de nos interventions sont, elles, complètement contingentes. On ne « sait » pas ce qui est arrivé à ce satellite. On ignore ce qui s'est passé sur ce terrain : peut-être quelqu'un y a-t-il répandu accidentellement ou enfoui tel ou tel produit chimique ? On ne comprend pas pourquoi cette rivière qui n'était jamais sortie de son lit est soudain entrée en crue.

Une usine chimique s'était installée près d'une ligne de chemin de fer électrifiée. Ses cuves ne duraient pas six mois. Pourquoi ? À cause du passage des trains et de la puissance ravageuse de l'électrolyse issue des courants baladeurs qui en résultaient ! Était-ce prévisible ? Peut-être, sans doute, mais en tout cas, cela n'avait pas été prévu… De toute façon, on ne sait pas, et on ne saura jamais, ni où ni quand tel ou tel appareil électrique plus ou moins puissant sera mis en marche, suscitant une configuration nouvelle des courants baladeurs. De telles configurations sont hautement contingentes, et de plus en plus contingentes. Ce sont elles, cependant, qui sont à l'œuvre dans maints processus naturels inexorables : la Nature fait son travail. C'est d'ailleurs le but de la technique que de la faire ainsi travailler à notre profit, à partir des conditions que nous lui imposons. Mais de nombreuses menaces environnementales en résultent inéluctablement : menaces sur les nappes phréatiques, menaces sur l'air, sur nos aliments, sur le climat… Sans parler des risques technologiques directs : Bhopal, Seveso, Tchernobyl… Et les manipulations génétiques ? Que va-t-il se passer ? Que faut-il faire ? Ce sont là des questions que la société ne saurait éluder sans courir des risques graves.

L'artificialisation de la nature pose des questions de plus en plus pressantes

Ces questions se posent désormais avant même l'engagement des recherches qui seront à l'origine des innovations technologiques, et c'est la raison pour laquelle on a vu se mettre en place les offices d'évaluation : d'abord aux États-Unis, l'Office of Technology Assessment institué auprès du Congrès, aujourd'hui en France l'Office parlementaire d'évaluation des choix scientifiques et technologiques. Ce n'est d'ailleurs pas un hasard si c'est dans le cadre parlementaire que de telles structures ont trouvé place, puisqu'elles s'interrogent sur l'opportunité et la légitimité de se lancer dans telle ou telle entreprise.

Cependant, il faut bien reconnaître que la plupart du temps, on s'interroge lorsque le coup est déjà parti, comme on le voit aujourd'hui dans l'affaire de la vache folle. La question n'est plus de savoir s'il est opportun ou légitime de courir tel ou tel risque. Encore une fois, le coup est parti ! On se trouve confronté non seulement à un énorme problème agricole, mais aussi à un risque sanitaire que d'aucuns – et non les moins compétents – jugent gravissime. Il faut évidemment faire quelque chose, mais quoi ? Bon gré, mal gré, les politiques se saisissent de l'affaire, et la première chose qu'ils demandent, c'est de comprendre ce qui se passe. D'où leur appel à l'expertise des scientifiques, à laquelle ils demanderont d'abord de poser un diagnostic, puis, si possible, de formuler des pronostics. Les questions sont toujours du même type : « Si nous, politiques, décidons ceci, comment la situation va-t-elle évoluer ? Et si au contraire nous décidons cela ? Et si nous ne décidons rien du tout (ce qui serait évidemment l'idéal pour des politiques), que va-t-il se passer ? ».

D'une certaine façon, l'artificialisation de la Nature par les techniques a produit une Technonature dont la société doit désormais assurer la maintenance, et c'est là une situation nouvelle. Certes, il ne manque pas de gens pour dire que la situation n'est pas si nouvelle que ça et qu'elle remonte à la nuit des temps : voyez l'Appel de Heidelberg. Mais ce n'est pas vrai. Il se passe quelque chose de nouveau, comme une sorte de saturation technologique de la Nature, qui commence à affecter en retour notre existence. C'est bien ainsi que l'entendent nos contemporains. Qu'un dysfonctionnement se produise dans notre environnement, il sera immanquablement imputé à l'intervention des hommes, qu'il s'agisse du dépérissement des forêts, de l'accroissement des gaz à effet de serre, des inondations ou de la santé des vaches, et l'on exige une intervention. Tout dysfonctionnement à tout niveau dans la Nature devient un problème politique, et il est intéressant de se demander pourquoi. Je n'apporterai pas ici[7] de réponse à cette difficile question. Il suffira, pour mon propos, de relever le point suivant : la conjoncture que je viens d'esquisser change considérablement la place de la science dans la société et ceci est gros de conséquences pour les organismes de recherche.

La fin des produits : un moment de plus en plus stratégique

Quels étaient jusqu'ici les partenaires sociaux des institutions scientifiques et des organismes de recherche ? D'abord, bien évidemment, les acteurs de la recherche eux-mêmes ; ensuite les mondes de l'enseignement et de la popularisation des savoirs, ce qu'en français nous appelons non sans quelque condescendance la vulgarisation.

Mais au-delà de ce partenariat d'ordre culturel, les sciences, de plus en plus articulées aux technologies, avaient pour partenaires essentiels le monde de l'économie et celui des militaires. Je ne m'étendrai pas sur ce sujet, mon souci étant de souligner que le moteur de la recherche était essentiellement

---

7 Je renvoie à mon livre *Climats sous surveillance. Limites et conditions de l'expertise scientifique (op.cit.)*, p. 36-41.

la promotion de l'innovation. Et pourquoi ce constant besoin d'innovation? De la part des entreprises, il s'agissait (et il s'agit toujours) de se procurer des rentes économiques – d'ailleurs provisoires – plus ou moins efficacement protégées par des brevets. De la part des militaires, il s'agissait (et il s'agit toujours) des rentes de puissance offensive ou défensive. Le moment stratégique qui justifiait la recherche était donc (et, dans la plupart des cas, demeure) clairement lié à la situation avantageuse résultant provisoirement du lancement d'un nouveau produit ou d'un nouveau process. C'est ce qu'exprime le terme d'innovation.

Or, aujourd'hui, ce n'est plus systématiquement le cas. Pourquoi? Parce que de plus en plus souvent, le moment stratégique d'un produit n'est plus celui de sa mise sur le marché, mais celui de son abandon. Que deviendra le produit quand on va le lâcher? Voilà la question qui prend de l'importance. Ce n'est plus uniquement son début qui importe, mais, de plus en plus, sa fin. Bien entendu, cette fin va alors faire retour sur la conception du début pour entrer dans la logique de l'innovation et de la rente qu'elle procure: les modalités de la fin d'un produit deviennent dès son début un facteur stratégique majeur. De même, la caractéristique stratégique d'une installation industrielle ou d'un process ne réside plus uniquement dans son rendement, mais aussi dans le devenir de ses effluents et sous-produits divers (eaux usées, fumées, etc.).

Prenons l'exemple de la voiture « propre ». Avant la crise des pluies acides, que mettait-on en avant pour vendre une nouvelle voiture? Son look, sa puissance, son accélération, son confort, le fait qu'elle sache dire « papa, maman », etc. Mais personne n'aurait pensé à ausculter une voiture à partir de son pot d'échappement! N'était-ce pas invraisemblable? Comme si l'on jugeait un appartement à la chasse d'eau de ses W.C.! C'était culturellement impensable. Cela a d'ailleurs été très mal vécu. Jacques Calvet est entré dans une grande colère, n'hésitant pas à évoquer « l'hystérie » qui, selon lui, sévissait outre-Rhin! L'avenir des voitures ne pouvait pas se situer là. Tel n'était pas le problème des voitures. C'est vrai: tel n'était pas le problème des voitures du point de vue de celui qui les fabrique pour les vendre. Mais tel est le problème que les voitures, dès lors qu'elles roulent, posent à la société via la Nature. Ou plus exactement tel est le problème que la société, à tort ou à raison, estime que les voitures posent à la Nature et par conséquent à elle-même! Mon argument est que, progressivement, cette problématique s'impose et que cela constitue un phénomène à la fois nouveau et fondamental.

Autre cas particulièrement illustratif: celui des chloro-fluorocarbones, les fameux CFC. Tout l'intérêt de ces gaz, leur raison d'être, c'est qu'ils sont chimiquement inertes: ils ne réagissent avec rien. On les fabrique et on les vend parce que, dans ces conditions, on peut les mettre dans n'importe quel récipient pour propulser n'importe quoi: fonction purement physique sans aucune interférence chimique. C'est parfait. Mais précisément parce qu'ils ne réagissent avec rien, ils restent si longtemps dans l'atmosphère qu'ils ont le temps d'y diffuser et d'atteindre la stratosphère. C'est alors qu'après des années, au pôle Sud, par − 50 °C, se produisent des réactions en phase solide qui finissent par dégager du chlore, lequel réagit avec l'ozone, provoquant ainsi la disparition progressive d'un filtre à UV, lesquels UV semblent entre autres méfaits susceptibles de provoquer des cancers de la peau, etc. Fin dramatique d'une existence conçue pour être sans histoire, aussi longue et inoffensive que possible!

Deux mots aussi à propos de l'énergie nucléaire. On savait bien entendu dès le départ que les déchets constitueraient un ennui, mais personne n'a pour autant pensé le nucléaire en intégrant d'emblée le problème des déchets, en prévoyant que cela deviendrait un problème majeur. Il y eut certes des gens pour le dire, mais leur légitimité a été récusée et la considération des déchets n'a pesé en rien sur le lancement du programme nucléaire français. C'est exactement la même chose pour les engrais et les pesticides mis sur le marché au nom de l'accroissement des rendements agricoles, et aujourd'hui incriminés en raison des dégâts qui résultent des conditions de leur dispersion ou de leur trop longue présence dans le sol.

Le politique devient le principal interlocuteur du monde scientifique

Ce recentrage du début vers la fin change la logique de l'innovation elle-même. Celle-ci ne se justifie plus uniquement par le surcroît de puissance économique résultant pour une entreprise d'un gain de productivité ou du lancement d'un produit nouveau capable de trouver un marché solvable. Elle se justifie de plus en plus par les contraintes qui pèsent sur les entreprises du fait des nouvelles réglementations relatives à la fin de leurs produits, ou encore par un nouveau comportement des acheteurs sensibilisés aux problèmes posés par cette fin du produit. Entre le fabricant et l'acheteur il n'y a plus seulement les lois du marché, mais aussi le pouvoir réglementaire, et il faut aussi compter avec le fait que le client agit non seulement en tant que client mais aussi en tant que citoyen plus ou moins bien informé. Il suffit d'évoquer l'affaire des lessives sans phosphate pour mesurer la situation de vulnérabilité dans laquelle ce contexte place les entreprises vis-à-vis des campagnes d'opinion. Ceci renforce la nécessité de disposer d'une expertise fiable, susceptible de fonder une information aussi objective que possible, et renforce par conséquent les responsabilités des scientifiques face à l'opinion qu'il convient d'ancrer dans un maximum d'objectivité, pour ne pas la laisser dériver au gré des campagnes orchestrées par les groupes de pression les plus divers.

Dans ces conditions – et c'est là où je voulais en venir – la puissance publique, sommée d'édicter des normes, de résoudre les crises environnementales et de pallier les risques de tous ordres, devient progressivement l'interlocuteur principal et le premier « client » des scientifiques. Cette demande ne s'arrête d'ailleurs pas à la puissance publique : la plupart des acteurs sociaux – et en particulier tous les groupes de pression qui cherchent à peser sur les politiques publiques ou sur l'opinion – ont également besoin d'expertise. Tous vont donc, à des degrés divers, avoir recours aux scientifiques et vont venir frapper à la porte de l'Inserm, de l'Inra, du CNRS, etc. Ainsi EDF a-t-elle récemment demandé à l'Inserm une expertise sur l'influence électromagnétique des lignes à haute tension. Sans nul doute une telle demande provient du fait qu'EDF craint que ne se produisent des mouvements d'opinion dans ce domaine et, à mon avis, elle a raison de le craindre. Il est à noter qu'EDF a déjà fait réaliser par le passé plusieurs études, d'ampleur inégale, sur ce sujet. Ceci traduit probablement une stratégie de précaution, consistant à la fois à identifier d'éventuels effets indésirables des techniques utilisées, mais aussi à entretenir un certain capital d'avis d'experts pour être en mesure de faire face à tout moment à une éventuelle controverse.

Diversité des situations et des modalités de l'expertise scientifique

Dans ces conditions, il convient, avant toute réflexion stratégique destinée à instituer des procédures d'expertise scientifique, de prendre en compte la grande diversité des situations dans lesquelles ces procédures devront être mises en œuvre et, par le fait même, la grande diversité des modalités pratiques que revêtiront ces procédures.

Tout dépend d'abord de ce qu'attendent de ces expertises ceux qui les demandent. Est-ce vraiment une information dont ils ont besoin pour décider ? S'agit-il plutôt d'arguments destinés à justifier « scientifiquement » une décision qu'ils ont déjà prise mais qu'ils ont du mal à imposer ? Ou bien, au contraire, ce qui est demandé aux scientifiques, n'est-ce pas de fournir des éléments permettant aux demandeurs de légitimer avec des arguments scientifiques leur opposition à une décision envisagée, comme il semble que cela ait été le cas dans l'affaire de l'énergie nucléaire ? Il est d'ailleurs tout à fait possible que ces diverses demandes émanent simultanément de divers acteurs intervenant de manière contradictoire dans le processus décisionnel. D'où, pour une seule et même affaire, différentes modalités d'expertise correspondant en particulier aux trois grands types de finalités que je viens d'évoquer, et que je qualifierai respectivement d'expertise consultative, promotionnelle et critique.

Les modalités de l'expertise dépendent en outre de la figure concrète des demandeurs. Au risque de proposer un inventaire à la Prévert, j'évoquerai les instances internationales, les gouvernements, les administrations, les parlementaires, les tribunaux, les groupes de pression divers, les directions d'entreprises, les leaders de l'opinion publique, les médias, les associations, les diverses formes d'initiatives des citoyens, voire de la population dans son ensemble. Si le mot « démocratie » a un sens, c'est bien celui d'affirmer que le fondement réel du pouvoir réside en dernière analyse dans « le peuple », lequel exerce ce pouvoir en le déléguant par ses votes à ceux que l'on appellera dès lors ses représentants. Maintes questions sont intégrées aux programmes de ceux qui briguent les suffrages des électeurs et il convient que ceux-ci soient aussi informés que possible des enjeux de ces diverses questions. Il ne fait aucun doute que les scientifiques auront, et de plus en plus, à intervenir dans ce processus à titre d'experts, soit auprès des candidats, soit au sein des partis, soit auprès des journalistes, soit enfin, de façon directe, auprès de la population dans son ensemble, par exemple en apparaissant à la télévision. Ils jouent ainsi un rôle important dans la constitution de cette instance politique fondamentale que l'on appelle assez mystérieusement « l'opinion publique ».

Les modalités de l'expertise dépendent enfin et surtout de la plus ou moins grande complexité de la question envisagée, de la gravité de la décision que cette expertise est censée éclairer et du lien réel qui existe entre la « connaissance de cause » attendue des scientifiques et le processus de décision politique. Sur ce dernier point, les scientifiques ne doivent pas se faire trop d'illusions : les politiques, certes, sollicitent des expertises, mais ils n'en détestent pas moins que leurs décisions leur soient dictées par la connaissance ! Je vous renvoie sur ce point aux études d'Hannah Arendt : les politiques, selon elle, ont horreur des faits. Pourquoi ? Parce que les faits leur font violence dans la mesure même où ils s'imposent à eux et sont, si je puis dire, non négociables, alors que la vie politique est toute entière faite de discussions et de négociations. C'est bien pourquoi j'observe que le recours à l'expertise scientifique semble plus généralement exigé par ceux qui s'opposent à une décision gouvernementale plutôt que par le gouvernement lui-même. Ceci n'est évidemment pas sans incidence sur les modalités du processus d'expertise envisagé, et mieux vaut que les scientifiques concernés en aient clairement conscience !

Troisième partie

De la transgression propre à l'expertise scientifique

Je me suis efforcé jusqu'ici de situer l'expertise scientifique dans le contexte qui permet de la définir. Je voudrais maintenant entrer plus directement dans le vif du sujet en revenant sur ce que j'ai appelé la « transgression » propre à l'expertise scientifique, afin d'analyser deux caractères fondamentaux de cette transgression : son caractère pluri ou interdisciplinaire et son inéluctable biais subjectif, avec les conséquences procédurales que cela implique.

Le caractère pluridisciplinaire de l'expertise et son dépassement interdisciplinaire

L'expertise scientifique exige une approche pluridisciplinaire. Pour expliquer pourquoi, il me faut revenir à la raison pour laquelle l'expert scientifique se voit si souvent contraint de transgresser les limites de son savoir : la plupart du temps, sa science ne lui fournit pas directement la réponse à la question que lui pose le politique. Mais bien entendu cela ne fait que repousser la question : pourquoi son savoir ne lui fournit-il pas directement cette réponse ?

Eh bien parce que – n'en déplaise aux pontifes de Heidelberg – il ne peut tout simplement pas en être autrement. Les scientifiques le savent très bien et il est important qu'ils osent le dire et qu'ils exposent les raisons de cette situation sans se sentir en position d'accusés ayant à se justifier. Devraient-ils se sentir coupables du fait de n'avoir pas de réponse vaccinale ou thérapeutique au problème du sida ? Il me semble important que les scientifiques fassent connaître publiquement les énormes difficultés qu'ils ont à résoudre dans de telles situations et fassent comprendre et admettre que du temps leur est nécessaire pour y parvenir, si tant est qu'ils y parviennent jamais.

Il y a des raisons structurelles pour lesquelles les scientifiques acceptant de fonctionner comme experts ne disposent pas des réponses aux questions qui leur sont posées :
– la première raison, c'est que, dès lors qu'il s'agit d'expertise, le scientifique va devoir répondre à une question qu'il n'a pas choisie. Or un chercheur choisit plus ou moins le terrain qu'il va progressivement défricher, et surtout, il reformule systématiquement les questions qu'il traite, précisément pour les mettre sous une forme telle que, dans l'état de ses connaissances et des moyens dont il dispose, il soit en mesure de leur apporter une réponse scientifiquement valide. La construction des questions de recherche est une partie essentielle de l'activité scientifique et l'art du chercheur tient pour une bonne part à sa capacité de poser les « bonnes » questions, c'est-à-dire celles qui sont scientifiquement fécondes. En position d'expert, le scientifique se trouve donc pris à contrepied, comme un potache surpris par des questions auxquelles il ne s'attendait pas ;
– la deuxième raison, c'est que la question posée concerne une décision à prendre ici et maintenant, face à une situation concrète que le politique n'a pas davantage choisie que le scientifique. Or le concret est toujours analysable sous une multiplicité de points de vue, dont beaucoup ont donné naissance à des disciplines spécifiques. Pour le scientifique consulté, le concret déborde donc fatalement les limites de sa propre compétence et pour la communauté scientifique dans son ensemble, il prend un aspect nécessairement complexe. Il n'est d'ailleurs pas exagéré de dire que, de ce point de vue, c'est l'entreprise scientifique elle-même qui est responsable de la complexité que le concret revêt à ses propres yeux. C'est elle en effet qui a arraché la connaissance à la juridiction du sens commun, qui a pulvérisé la réalité concrète pour en faire

un ensemble d'objets abstraits. Les scientifiques sont, certes, capables de produire des énoncés rigoureux et fiables au sujet de ces objets, mais il ne faut pas oublier que cette rigueur et cette fiabilité ne sont acquises que par le détour de cette procédure d'abstraction et de pulvérisation du réel.

La science a analysé et encore analysé, et cette gigantesque entreprise analytique a morcelé la science elle-même en une multitude de disciplines scientifiques, en sorte que la compréhension de la moindre «chose» mobilise un véritable orchestre de disciplines. Ce que déclenche la question du politique, c'est donc en quelque sorte un processus de reconcrétisation synthétique à partir d'une pluralité de points de vue disciplinaires. C'est Descartes marchant à reculons, de l'analyse vers la synthèse !

Ceci est vrai a fortiori lorsqu'il s'agit de phénomènes mettant en jeu – y compris pour le sens commun – de multiples facteurs. Il me suffira d'évoquer à nouveau l'affaire des pluies acides convoquant au chevet des forêts – censées dépérir à cause d'elles – les spécialistes de la chimie atmosphérique, de la physiologie végétale, de la dendrologie, des parasites racinaires, de la pédologie, de la toxicologie, de tout ce que vous voudrez. Quant à l'effet de serre, il mobilise des spécialistes de la prévision météorologique et de la modélisation, du cycle du carbone, de la chimie de l'atmosphère, de l'océanographie, de la glaciologie, etc., etc., on n'en finit pas, et c'est normal !

Vers une interdisciplinarité immédiate et réflexive

À propos de l'effet de serre, vous savez peut-être qu'il existe deux structures internationales qui ont à en connaître : l'IGBP et l'IPCC. La première (the International geosphere-biosphere program) est une structure associant de très nombreux chercheurs du monde entier pour organiser l'effort collectif de recherche dans le domaine climatique. La seconde (the Intergovernmental panel on climate change) est une structure intergouvernementale dont l'objectif est de prononcer un

« assessment » sur l'état des recherches en vue d'une expertise – dont j'ai déjà parlé – destinée aux gouvernements. L'IGBP est un programme de recherche, l'IPCC est un panel d'experts. Or, lorsqu'il est question d'expertise, il ne s'agit pas d'abord d'engager des recherches (lesquelles exigent du temps), mais de fournir aussi rapidement que possible une réponse qui, dans ces conditions, ne peut être fondée que sur le stock des connaissances disponibles.

C'est là une différence considérable. La recherche vise à augmenter progressivement – suivant un rythme plus ou moins imprévisible et qui peut-être très lent – le stock du savoir. L'expertise, elle, travaille en hâte sur la base du stock disponible au moment précis où elle doit intervenir. Elle pourra certes se conclure par une recommandation disant qu'il faut entreprendre telle ou telle recherche. C'est d'ailleurs toujours ce qui se produit – faut-il s'en étonner ? – au point que la montée en puissance des activités d'expertise va probablement faire de l'ensemble de ces activités la matrice où prendront naissance une proportion croissante des programmes de recherche (ce qui ne sera pas sans conséquence pour la gestion des organismes de recherche). Mais dans l'immédiat, ce n'est pas de recherche qu'il s'agit lorsqu'il est question d'expertise. Prenons l'exemple de la demande actuelle d'expertise sur l'épidémie d'encéphalite bovine spongiforme, autrement dit sur l'affaire de la vache folle. Il est certes grand temps (il est même plus que temps) de lancer des recherches sur la question, mais il est sûr que l'on ne va pas attendre les résultats de ces recherches pour décider si l'on abat ou si l'on n'abat pas. La connaissance nécessaire pour fonder la décision doit être formulée rapidement. Le temps de réponse des experts doit s'inscrire dans les délais dont disposent les politiques, ce qui est par parenthèse un autre aspect de la question qu'ignorent superbement les rédacteurs de l'Appel de Heidelberg. La pluridisciplinarité dont j'évoque la nécessité pour l'expertise scientifique n'a donc rien à voir avec celle dont il est question à propos des programmes de recherche. En effet, en matière d'expertise, de quoi s'agit-il ? D'un effort de réflexion permettant de passer de la pluridisciplinarité à l'interdisciplinarité.

À ce sujet, je ne résiste pas au plaisir de vous lire un extrait d'un récent article du Monde en date du 26 mars 1996 : « Outre la totalité des dossiers britanniques, le professeur Dormond souhaiterait avoir connaissance des prélèvements histologiques effectués sur les cerveaux des victimes britanniques, de manière à situer, avec les techniques dont il dispose, la nature de l'agent infectieux en cause. » Puis vient une citation du professeur Dormond lui-même : « Si cet agent avait le même profil ou un profil voisin de celui qui est impliqué dans la maladie des vaches folles, il faudrait, en urgence [Quoi faire ?] nous réunir et réfléchir. » Intéressant !

Se réunir et réfléchir. Ce moment réflexif va changer le statut de la connaissance. En effet, si indispensable que soit le regroupement de disciplines multiples pour faire le tour d'un problème complexe, cette pluridisciplinarité ne suffit pas. D'abord parce qu'il est à prévoir que ce rassemblement va mettre en évidence des zones d'ignorance. Ensuite et surtout, parce que, même à supposer qu'il n'en soit pas ainsi, un ensemble de connaissances disjointes ne constitue pas en lui-même une connaissance qui autoriserait un diagnostic, une prévision ou une décision. Il faut encore que par son rassemblement même, cet ensemble prenne sens, un peu comme prend sens dans une phrase le rassemblement des mots, le sens de la phrase transcendant les significations de chaque mot considéré séparément. De même en va-t-il de la connaissance interdisciplinaire élaborée par un processus de réflexion, par l'effet d'une pensée individuelle ou collective s'efforçant de synthétiser les enseignements des diverses sciences sur un sujet donné.

Il existe donc un saut qualitatif entre l'ensemble des connaissances scientifiques résultant des recherches disciplinaires rassemblées pour une expertise et la connaissance interdisciplinaire ainsi élaborée, celle-ci transgressant par le fait même les limites de chacun des savoirs sur lesquels elle se fonde (où nous retrouvons la transgression propre à l'expertise scientifique, dont je parlais précédemment).

Vers la mise en place de «collectifs experts» permanents?

Bien entendu ce franchissement – par le fait même qu'il est franchissement – ne saurait déboucher sur une connaissance répondant aux mêmes critères d'objectivité que la connaissance scientifique. C'est pourquoi je suggère de qualifier le résultat attendu de l'expertise de «connaissance raisonnable aussi objectivement fondée que possible». Reste à savoir si une telle connaissance est effectivement accessible, jusqu'à quel point elle est fiable, et comment parvenir à l'élaborer.

Commençons par ce dernier point. Comment élaborer, par exemple, une connaissance raisonnable aussi objectivement fondée que possible de l'évolution climatique de la planète? Comment fonder une telle connaissance lorsque doivent être pris à la fois en considération l'avenir de la forêt amazonienne (lequel dépend d'innombrables facteurs d'ordre politique et économique), nos incertitudes sur le cycle de l'eau (liées à la fois à l'insuffisance de nos connaissances et aux aléas du processus naturel lui-même), la relation du plancton aux fluctuations atmosphériques, et mille autres phénomènes sur lesquels les connaissances disponibles dans les différentes disciplines sont à des années-lumière les unes des autres, au point que probablement aucune modélisation ne peut vraiment les rassembler. Il est, certes, possible de relier dans les modèles des données hétérogènes, mais il ne me paraît pas raisonnable de présenter la modélisation de la globalité des phénomènes pris en compte dans les recherches relatives au climat comme la clé de voûte seule capable de donner sens à chacune des connaissances ainsi formellement rassemblées. D'une part, cela renvoie aux calendes grecques. D'autre part, la macro-modélisation est un processus de rabotage de la pensée qui, à ce niveau de globalité, débouche sur une sorte d'hypnose objectiviste aux dépens de la pensée critique. Ceci constitue en tout cas l'une des questions qui sont actuellement posées à la pratique concrète de l'expertise scientifique[8].

La seule démarche que je crois raisonnable pour rassembler les connaissances disciplinaires nécessaires à la formulation d'une expertise dans des domaines complexes me paraît admirablement évoquée par les deux mots du professeur Dormont : « se réunir et réfléchir ». La conséquence que j'en tire, c'est qu'il faut que nous envisagions de mettre en place un certain nombre de collèges pluridisciplinaires constitués de scientifiques confirmés, reconnus dans leur spécialité et décidés à mettre en œuvre une réflexion interdisciplinaire menée avec rigueur, en brassant aussi méthodiquement que possible tous les aspects de la question. Pour dépasser les problèmes posés par la constitution en catastrophe des collèges d'experts, je crois en outre qu'il faut envisager de les faire fonctionner en continu, et de les encourager à publier comme d'authentiques connaissances les conclusions auxquelles ils parviendront, quand bien même elles demeureraient incertaines. Cette incertitude est clairement inéluctable, non seulement à cause de la complexité des problèmes à traiter, mais aussi à cause des zones d'ignorance qui demeurent. L'enjeu se situe d'ailleurs davantage dans la procédure que dans le produit. Je veux dire par là que ce n'est probablement pas tant la connaissance ainsi construite qui importe que l'institutionnalisation, dans tel ou tel domaine particulièrement sensible, de groupes « experts », le mot étant ici entendu au sens que revêt l'adjectif, qui qualifie selon le dictionnaire Larousse un homme « versé dans la connaissance d'une chose par la pratique ».

Je suis en effet convaincu que nos sociétés auront de plus en plus besoin de faire fonctionner de façon permanente de semblables collèges. Il me semble donc souhaitable que se mettent en place, dans les domaines où la demande d'expertise est manifeste,

---

8 Sur cette question de la modélisation, je renverrai à nouveau à mon ouvrage *Climats sous surveillance... (op.cit.)*, pp. 295-311.

plusieurs collectifs capables de se saisir des problèmes au fur et à mesure qu'il se posent, si possible avant même qu'il devienne politiquement urgent d'intervenir. Le pluralisme de ces pôles d'expertise est essentiel pour assurer à l'ensemble l'indépendance nécessaire à l'égard des pressions de toutes sortes qui ne manqueront pas de s'exercer sur l'élaboration des expertises, dès lors que l'évolution des situations rendra inéluctables des décisions politiques lourdes de conséquences.

Ceci m'amène à la question suivante : qui, mieux que les organismes publics de recherche, pourrait constituer et faire fonctionner dans de bonnes conditions des groupes de travail stables, où l'ensemble des questions relatives à un problème important pour la société serait brassé de façon à la fois inter-disciplinaire et rigoureuse ? Ainsi, le CNRS pourrait-il, par exemple, publier tous les deux ou trois ans un fascicule sur l'eau, l'élaboration de tels fascicules reposant sur un groupe extrêmement large, allant – pourquoi pas ? – jusqu'à inclure les archéologues de l'Égypte, qui ont beaucoup à dire sur la gestion collective de l'eau !

Il va d'ailleurs de soi que cette proposition appelle une réflexion sur les modalités d'un tel travail, une sorte de métathéorie de l'interdisciplinarité réflexive, étant entendu que ce dont il s'agit, c'est d'une interdisciplinarité très ouverte permettant de faire le tour des questions sous tous leurs aspects, sur la base du stock actuel et évolutif des connais-sances et qui, encore une fois, ne doit pas être confondue avec l'interdisciplinarité éventuellement mise en œuvre au sein même de la recherche.

Pour en revenir à la publication régulière de fascicules faisant le point sur l'état des connaissances dans tel domaine où risquent de surgir des affaires exigeant une expertise rapide, je souligne l'influence que de telles publications (et l'exis-tence même des collectifs s'exprimant dans ces publications) auraient sur la presse et sur l'opinion. J'oserai ici employer les termes de contrôle et de magistère. Il ne s'agit évidem-ment pas d'exercer quelque contrôle ou quelque censure que ce soit, mais tout simplement du fait que les gens qui informent l'opinion ont besoin d'être épaulés par ceux qui font profession de savoir. De ce point de vue, c'est une grande responsabilité, lorsqu'on a le privilège de détenir un savoir, que de le faire connaître à d'autres. Et non seulement de faire connaître ce que l'on sait, mais de réfléchir à la signification de ce que l'on sait. D'y réfléchir collectivement et de divulguer le fruit de ces réflexions afin de fournir des repères crédibles à l'opinion et aux médias. La diffusion de telles réflexions à partir de pôles à la fois compétents et pluralistes revêt une importance majeure pour que des décisions puissent ultérieurement être prises de façon démocratique. Je trouve que sur ce point la communauté scientifique est d'une timidité incroyable, qui frise parfois l'irresponsabilité.

L'expertise scientifique est fondamentalement entachée de biais

L'étape que je viens de décrire concerne le rassemblement des connaissances disponibles et l'effort pour en extraire, sinon une pensée unanime, du moins une connaissance consciente de ses propres fondements scientifiques. Cependant, à ce niveau, nous ne sommes pas encore dans l'expertise proprement dite. Nous sommes dans la construction d'une connaissance experte relative au domaine dans lequel se situera l'expertise lorsqu'elle aura à intervenir, donc sur le terrain qui servira de socle à l'expertise, mais non pas véritablement à l'interface entre la science et le politique. Nous sommes en quelque sorte à mi-pente entre la science et cette interface : non pas sur la crête elle-même, mais quelque part sous cette crête, sur son versant scientifique.

Certes, cette élaboration collective d'une connaissance pertinente par rapport à la question posée par le politique constitue la première étape de toute expertise sérieusement conduite. C'est par exemple, si je ne me trompe, l'essentiel de ce que fait actuellement l'Inserm dans sa pratique de l'expertise ;

c'est l'essentiel du travail de l'IPCC. Cependant, tout ceci ne constitue pas une expertise car – du moins est-ce la thèse que je soutiendrai – il n'y a vraiment expertise que lorsque le processus de construction de connaissance est directement animé par la volonté de répondre à quelqu'un qui doit décider, que lorsque son résultat s'intègre dans un processus de décision ou du moins est conçu pour s'intégrer dans un tel processus. Or c'est là que les choses se compliquent.

J'ai parlé de « connaissance aussi objectivement fondée que possible », pour marquer le fait qu'il ne s'agit pas de connaissance scientifique *stricto sensu*, mais de l'expression d'une pensée, d'une conviction, d'une opinion transgressant les limites de la science (tout en restant fondée sur elle) destinée à fournir au politique la réponse que celui-ci demande. Bien entendu, la subjectivité des participants va jouer un rôle dans ce processus réflexif, et cela avec d'autant plus de force que l'enjeu de la décision apparaîtra plus considérable aux experts eux-mêmes. Revenons à l'exemple de la réunion de Bruxelles sur la vache folle. S'y trouvaient rassemblés des experts européens, tous scientifiques, dont deux britanniques. Or un désaccord irréductible s'instaure entre les deux britanniques et le reste de l'assemblée. Difficile de croire qu'un désaccord strictement scientifique puisse dessiner les contours d'une frontière entre nations. Difficile de le croire, certes, s'il s'agit de science, mais non point s'il s'agit d'expertise ! Et encore moins s'il s'agit de problèmes complexes aux enjeux importants.

Dans de tels cas, la subjectivité de l'expert intervient, tout scientifique qu'il soit, puisque précisément son rôle d'expert le contraint à transgresser les limites de sa science. Ce processus de transgression convoque nécessairement, qu'il en ait ou non conscience, toutes les ressources de sa subjectivité : ses croyances, ses convictions globales, son idéologie, ses solidarités, ses préjugés, sa classe sociale, son appartenance nationale, etc. Je vois mal comment il pourrait en être autrement et ceci me conduit à revenir sur la distinction tranchée que je faisais au début de cette conférence à propos du chercheur envoyé comme expert à Bruxelles. De deux choses l'une, vous ai-je dit : ou bien il est envoyé pour jouer un rôle de négociateur pour le compte de son pays ou de son institution, ou bien il est envoyé comme expert scientifique pour formuler une expertise, c'est-à-dire pour participer à un processus d'élaboration d'une connaissance aussi objectivement fondée que possible. En réalité les choses ne sont pas si simples et l'élaboration collective d'une connaissance transgressant les strictes limites de l'objectivité intègre inéluctablement un processus de négociation portant sur la formulation même de la connaissance ainsi élaborée.

Ce phénomène est particulièrement manifeste lorsqu'il s'agit d'expertise individuelle sur un sujet important et complexe. C'est là un phénomène que j'ai aperçu avec netteté lors de mon enquête sur le dépérissement des forêts. C'était clair comme le jour, et l'on pouvait prévoir, sachant d'où il parlait, ce que tel ou tel scientifique allait dire. Du fait même qu'il s'exprimait dans un domaine fortement politisé, il se trouvait intronisé comme expert par l'attente de ses auditeurs et se faisait l'avocat politique d'une certaine cause. Je vous propose donc la conclusion suivante, qui engage toute la suite de cet exposé : intervenant comme expert dans un domaine complexe, un scientifique fonctionne toujours, consciemment ou non, comme l'avocat d'une certaine cause, et cela d'autant plus qu'il considère comme importants les enjeux de la décision à prendre et par conséquent ceux de sa propre expertise.

La logique de l'expertise la prédispose donc à être spontanément biaisée. Il en va de même de la « connaissance de cause » qu'elle est censée fournir. D'où l'importance du dispositif autocorrecteur dont il va être maintenant question.

La nature conflictuelle de toute expertise

Le poids des enjeux culturels, sociaux, idéologiques, politiques et économiques engagés dans les décisions agit en retour sur la construction des connaissances par les scientifiques consultés par le pouvoir politique (à tel point qu'il n'est même pas certain que l'interdisciplinarité dont j'ai précédemment parlé puisse toujours fonctionner).

Un collectif interdisciplinaire reçoit pour mission de construire une connaissance. Des conflits peuvent certes surgir en son sein, mais – dans la mesure où le groupe se tient à distance du processus de décision – ces oppositions ne dépasseront normalement pas le statut de la controverse scientifique. L'utopie de la convergence rassemble les experts et le consensus est probable. Certains contesteront peut-être cette vision irénique des choses. Eh bien tant mieux ! Ils apporteront de l'eau à mon moulin, car je veux insister sur le fait suivant : si les ruptures subjectives entre les participants portent précisément sur les enjeux de la décision politique qui est la raison même de leur travail collectif (ce qui est en particulier le cas en matière de politique de la recherche), alors il n'est pas du tout certain que l'équipe interdisciplinaire puisse fonctionner de façon fiable. Ces oppositions risquent d'interdire la construction d'une connaissance raisonnable aussi objectivement fondée que possible. D'où les conflits entre experts. Ces conflits sont d'une tout autre nature que les controverses entre scientifiques, lesquelles ne sont finalement rien d'autre que la pratique collective du doute méthodique.

En matière d'expertise, le conflit vient des orientations subjectives qui sous-tendent les convictions des uns et des autres et cela d'autant plus qu'il s'agit de questions complexes immédiatement liées à des choix politiques lourds. Que l'on pense à l'énergie nucléaire, à l'affaire actuelle des vaches folles, aux manipulations génétiques : il est illusoire de croire qu'on puisse être neutre sur de telles questions ! En tout cas, il me paraît impossible d'exiger de quelqu'un qu'il transgresse sur de telles questions les limites de son savoir et qu'il exprime sa propre conviction tout en exigeant en même temps que cette conviction soit « neutre ». Ça me paraît une monstruosité épistémologique.

Le pouvoir politique doit savoir que la subjectivité des experts intervient dans leurs expertises dès lors qu'il s'agit de sujets hautement complexes et d'une grande importance éthique ou socio-économique. Il doit donc mettre en place des procédures pour faire apparaître les biais qui peuvent en résulter et, dans la mesure du possible, pour s'assurer de la fiabilité de l'expertise qui lui est fournie. Mais comment le pouvoir politique peut-il contrôler cette fiabilité, et par là justifier la confiance qu'il fait aux scientifiques dont il sollicite l'expertise, alors que ceux-ci sont a priori les seuls détenteurs de compétences dans les domaines concernés ? C'est l'une des questions de fond que soulève le développement de l'expertise scientifique.

Nombreux sont ceux qui répondent que le gouvernement n'a qu'à s'adresser à de « vrais scientifiques ». Mais qui sont ces vrais scientifiques ? Il y en a donc de faux ? Et qui fera le tri entre les vrais et les faux ? Quand des experts scientifiques ne sont pas d'accord entre eux, qui désignera ceux qui ont raison sous prétexte que ce sont de vrais scientifiques, insinuant par là que leurs opposants sont de faux scientifiques ? Georges Pompidou avait coutume de dire : « Si vous voulez enterrer une affaire, vous n'avez qu'à la soumettre aux experts : aussitôt ils se disputent ! » Mais bien entendu, ils se disputent ! C'est parfaitement normal et cela n'a rien à voir avec le fait qu'ils sont de plus ou moins bons scientifiques, ou du moins rien ne prouve que tel soit le motif de la dispute. Il est important de comprendre que de telles disputes ne jettent aucun discrédit, ni sur les scientifiques concernés, ni sur la science elle-même. Certes, la science est, en quelque sorte, le support de la dispute et chacun des protagonistes l'invoque et se bat en son nom (ne s'agit-il pas d'une dispute scientifique, dans le cadre d'une expertise scientifique ?). Mais ce n'est pas la science en tant que telle qui s'exprime dans l'expertise : c'est la conviction de tel ou de tel expert (il ne s'agit donc pas d'une controverse scientifique au sens strict). L'expertise exige des scientifiques qu'ils expriment des convictions qui vont bien au-delà de leur savoir. C'est ce qu'ils font, et leurs disputes se situent précisément dans l'intervalle qui sépare la conviction d'un savoir objectif méthodiquement fondé. Aussi bien ces disputes ne refluent-elles pas sur la science elle-même. Il est nécessaire à ce propos que les organismes de recherche aient une perception claire de la distance qui sépare l'expertise de la science. C'est l'affirmation de cette distance qui leur permet de s'engager dans l'aventure collective de l'expertise sans avoir à porter les cicatrices des conflits qui peuvent en résulter. C'est également elle qui leur permet d'accepter que le pouvoir politique cherche à mettre en place des procédures contradictoires destinées à vérifier les exper-tises qui lui sont fournies, ce qui ne procède nullement d'une défiance à l'égard des individus ou des institutions.

Le premier devoir du scientifique fonctionnant comme expert est, me semble-t-il, d'accepter cette exigence et d'aider la société et les politiques à justifier la confiance qu'ils placent dans l'expertise des scientifiques. Cette confiance ne va pas de soi. S'indigner au nom de la science des exigences du politique et vouloir se dérober face à la mise en place d'une procédure contradictoire serait gravement abusif et constituerait une sorte de « chantage à la confiance » auquel ni le politique ni la société ne sauraient consentir. L'expert scientifique, si éminent soit-il, doit savoir que sa compétence scientifique ne suffit pas à fonder une confiance aveugle en son expertise. En tant qu'avis d'expert, sa parole n'a pas la fiabilité de la science elle-même, et les scientifiques devraient le comprendre mieux que quiconque, puisque précisément la fiabilité des énoncés scientifiques se nourrit de procédures de validation contradictoires !

Une autre particularité de l'expertise, c'est que la parole de l'expert engage sa responsabilité personnelle, et qu'il doit donc lui-même être particulièrement vigilant sur les condi-tions dans lesquelles il engage cette responsabilité. C'est cet aspect de l'expertise que je vais développer maintenant.

Quatrième partie

Expertise confidentielle et expertise publique

L'expertise confidentielle

Le recours à une expertise confidentielle correspond à un cas de figure précis. Il s'agit de fournir à son destinataire des éléments l'aidant à prendre sa propre décision. Tel sera par exemple le cas pour un expert convoqué par un directeur de ministère ou par un chef d'entreprise envisageant de prendre une décision qui relève de sa compétence exclusive et sur laquelle il entend conserver toute latitude. Un autre cas, probablement beaucoup plus fréquent, est celui où la décision personnelle dont il s'agit consiste à adopter une stratégie dans un processus de décision collective, étant entendu que les responsables de ce processus ont d'ores et déjà décidé que les enjeux de la décision à prendre exigent que le processus décisionnel se déroule dans le secret. Les débats et les éventuels conflits sont alors strictement maintenus à l'intérieur du groupe politiquement en charge de la décision. C'est par exemple la situation du membre du cabinet du ministre de l'Environnement convoqué à Matignon, où il sait qu'il va avoir à se battre avec son collègue de l'Industrie : il convoquera des experts et leur demandera de lui founir les arguments qui lui permettront de résister à l'alliance probable entre ses collègues de l'Industrie et des Finances, dont il sait d'expérience qu'ils feront tout pour lui mettre et lui maintenir la tête sous l'eau.

Dans de telles conditions, ceux qui font appel aux experts évitent par dessus tout une confrontation directe entre ceux-ci. Ainsi chaque ministère a-t-il ses propres experts. Si conflit il y a, ce conflit ne se situera donc pas entre les experts, desquels il est couramment exigé qu'ils gardent le secret non seulement sur les conclusions de leur expertise, mais parfois aussi sur leur intervention elle-même et sur la paternité du rapport (confidentiel) qui en résulte, dont les auteurs resteront anonymes ! Le cas le plus typique de ce fonctionnement a été celui de l'électronucléaire en France dans les années 1970.

Cet enfermement de l'expertise dans la confidentialité rend extrêmement difficile le contrôle de la fiabilité de l'ensemble des expertises ainsi mises en œuvre. On peut certes faire appel à des super-experts qui évalueront – de façon bien entendu confidentielle – les expertises confidentielles fournies par les uns et les autres. Mais ceci ne fait que repousser le problème : qui en effet contrôlera l'expertise confidentielle de ces super-experts ?

La solution me paraît fournie par l'exemple des procès mis en œuvre dans le système judiciaire : les causes adverses y sont plaidées sous forme d'une confrontation directe et publique entre avocats, en présence du juge ou des jurés à qui il revient de prendre la décision finale. Je crois que c'est un bon modèle encore que, pour le transposer à l'expertise scientifique, il faille probablement beaucoup l'adapter. C'est en tout cas en me référant au modèle judiciaire de la plaidoirie que je parlerai de l'expertise publique.

L'expertise publique : le modèle judiciaire

Je dois tout de suite préciser que dans l'expression « expertise publique », l'adjectif « publique » ne renvoie pas à l'ensemble plus ou moins nombreux des gens qui constituent « le public » d'une manifestation. Ce dont il est question, c'est du principe selon lequel n'importe qui – dans des conditions cependant strictement déterminées – peut être le témoin de la procédure, dont il affirme ainsi la non confidentialité. Ainsi la procédure du mariage civil est-elle publique du seul fait de la « publication » des bans, de la présence des témoins, de l'inscription sur le registre de la mairie et parce que n'importe qui peut y assister ; le caractère public de cette cérémonie n'a rien à voir avec le nombre de ceux qui, le jour dit, entoureront réellement les mariés. De même, sauf le cas du huis clos décidé pour des motifs précis, un procès est public, même si personne d'autre n'y assiste que les parties et/ou leurs avocats, les magistrats et le greffier. La réunion d'un conseil municipal est également publique, car n'importe qui peut y assister, et cela même si ceux qui y assistent n'ont pas le droit d'intervenir dans les débats.

Parler d'expertise publique, c'est donc dire que toute personne qui le désirerait peut, sous certaines conditions, assister aux débats ou en prendre ultérieurement connaissance. Cette possibilité suffit à interdire ou du moins tend à interdire l'instauration d'un consensus fondé sur la dissimulation. L'expertise publique se joue sur une scène où les experts sont directement confrontés (ce qui n'est généralement pas le cas de la contre-expertise, dont nous aurons à reparler). Directement confrontés, les experts vont se contester mutuellement.

– Il est tout de même curieux, dira l'un que dans le stock des connaissances disponibles, tu ne choisisses que certaines choses et que tu en ignores superbement d'autres ! C'est ton droit, mais je suis là pour que tout le monde s'en aperçoive. Tu penses pouvoir ainsi justifier l'opinion que tu exprimes, mais je te fais remarquer que tu choisis toujours de te situer à une certaine extrémité des intervalles de confiance : celles qui sont favorables à ta thèse. N'est-ce pas étonnant ?

– D'accord, répondra l'autre, *mais tu agis de la même façon. N'est-ce pas intentionnellement que tu as oublié tels et tels éléments, que tu t'es situé systématiquement de l'autre côté des intervalles de confiance ?*

– Mais bien sûr, rétorquera le premier, *car j'estime que l'on n'a pas le droit de prendre le moindre risque sur un tel sujet. Je ne retiens donc, bien évidemment, que l'hypothèse la plus défavorable.*

Ainsi verra-t-on se dégager le sens de leurs interventions. Ainsi comprendra-t-on que l'un s'inscrit dans la logique du principe de précaution et que l'autre fait le pari de la confiance dans le progrès scientifique et privilégie la recherche de l'efficacité technique ou économique. On verra qu'une fois fait ce choix fondamental, chacun est capable de construire une cohérence convaincante en sélectionnant parmi les données scientifiques disponibles celles qui lui fourniront les arguments les plus solides pour justifier sa position et critiquer celle de son contradicteur. J'ai connu ce genre de conflit à la grande époque de la recherche opérationnelle, entre ceux qui se battaient sous la bannière de la problématique du critère d'espérance maximale, tandis que d'autres invoquaient le critère du regret minimal (ce qui, au moins dans les problèmes non linéaires, n'aboutit pas du tout aux mêmes conclusions, mieux vaut le savoir !). L'une des fonctions de la confrontation directe des experts consiste précisément à mettre à jour leurs présupposés.

– Si tu dis ceci et si tu évites de dire cela, ce ne peut être que parce que tu défends telle cause (par exemple celle de la précaution maxima). Tu ne le savais peut-être pas toi-même, mais maintenant c'est clair !

– Toi, tu as visiblement choisi l'audace. Pourquoi ? Parce que tu songes avant tout aux retombées économiques du choix que – sans peut-être t'en rendre compte – tu préconises. Eh bien, que l'on introduise des économistes dans le débat, et l'on verra si ces retombées seraient si grandes que tu le penses !

Et l'on fera venir aussi les écologues, pour plaider la cause de l'environnement, les sociologues, parce que l'on va s'apercevoir que telle option est socialement insoutenable… Exemple classique :

– Il n'y a qu'à instituer une taxe sur les carburants. (Certes ! Y a qu'à !).

– Oui, mais si on taxe les carburants les camionneurs bloque-ront les autoroutes, c'est couru !

– Ah oui ? C'est un aspect des choses qu'on n'a pas pris en considération.

C'est pourtant grave, lorsqu'il s'agit d'élaborer une telle décision. Mais au fait, est-il si certain que les camionneurs se mettront en grève ? Qu'en sait-on exactement ? Qui serait capable de nous renseigner sur ce point ? Ainsi un espace va-t-il s'instituer, s'élargir, s'articuler. On va voir apparaître les reliefs des options possibles et les reliefs des diverses connaissances progressivement convoquées sur la scène de l'expertise. Non seulement les reliefs des connaissances, mais aussi ceux des incertitudes et des ignorances, dûment attestées par les experts eux-mêmes. Ainsi s'instaurera un espace dialectique articulant connaissances, incertitudes et ignorances avec les options politiques envisageables. C'est le dynamisme de la décision qui fournit l'énergie critique qui organise ainsi l'espace des savoirs et des non-savoirs, comme la lumière projetée tangentiellement fait soudain apparaître un relief. Ainsi s'instaure, à l'interface même de la science et de la politique, et à propos de la décision envisagée, un « espace public de l'expertise ».

Le point essentiel de ce que je tenais à vous dire à ce sujet, c'est que, comme dans le cas d'un procès plaidé devant des juges, c'est cet espace public et non les affirmations prononcées par tel ou tel expert qui contient l'expertise et fournit au décideur cette « connaissance de cause » qu'il réclame. Cette connaissance lui est fournie, comme elle est, mutatis mutandis, fournie au juge, par la mise en scène de l'articulation des différents aspects du savoir avec les différentes options envisageables. C'est là une connaissance qui ne met pas le décideur au garde-à-vous devant la science, situation dont j'ai dit précédemment que les politiques avaient horreur. Cette connaissance ne lui dicte pas ce qu'il doit faire, mais le renvoie à sa propre responsabilité, qui est précisément de décider en connaissance de cause. Une décision n'est pas une conclusion, c'est là un point dont à mon avis les scientifiques sont parfois trop peu conscients. La connaissance de cause que leur expertise doit fournir au politique doit certes être intégrée au processus de décision, mais elle n'est jamais que servante du pouvoir. Elle ne peut prétendre l'exercer.

Le caractère public de l'expertise fonctionne en définitive comme un miroir critique dont l'efficacité est double. Il permet d'une part aux scientifiques engagés dans le processus d'expertise de valider dialectiquement par leur confrontation et leurs critiques l'espace d'expertise qu'ils délimitent entre eux. Si l'un d'entre eux a dit quelque chose de manifestement inexact, son propos aura été contesté par quelqu'autre, et son affirmation aura ainsi été publiquement infirmée. Ce qui restera au terme de ce processus, ce qui aura décanté, pourra être considéré comme solide, comme bâti sur le sol d'un savoir certifié. Certes on verra ce sol encombré de marécages et de rochers branlants. Eh bien oui, notre savoir comporte maintes zones d'ignorance et d'incertitude, et c'est bien ce qui fait la difficulté de la décision. Il convient que le politique sache que ce qui est incertain est incertain : cela fait partie de la « connaissance de cause » qu'il demande aux experts.

L'autre effet du « miroir critique » résultant du caractère public de l'expertise, c'est de rendre le pouvoir politique et l'opinion publique témoins de la construction de l'espace où s'articulent ainsi savoir et décision, et témoins du processus de validation critique effectué par les scientifiques eux-mêmes, car ce sont les scientifiques qui infirment ou confirment la façon dont un autre scientifique en appelle à la science pour dire ceci ou cela, et il n'y a qu'eux qui puissent le faire.

Les scientifiques devraient à mon avis être les premiers à exiger cette confrontation lorsqu'ils sont appelés à faire une expertise, parce qu'elle diminue considérablement leur responsabilité individuelle. Celle-ci en effet n'est plus de « dire le vrai », ce qui est pratiquement une mission

impossible, mais de contribuer à ouvrir un espace qui, lui,
« contient du vrai ».

Gérer l'équilibre entre confidentialité et publicité

L'articulation entre confidentiel et public est un sujet très difficile, car il s'agit d'une question politique exigeant une grande prudence. La confidentialité continuera à s'imposer dans nombre de situations. Il ne peut y avoir de monde intégralement transparent. L'idéologie de la transparence totale conduit directement à la langue de bois généralisée et interdit tout dispositif réflexif collectif, pourtant nécessaire à la constitution d'acteurs sociaux conscients de leurs propres stratégies. Il y aurait beaucoup à dire à ce sujet, mais cela nous entraînerait trop loin. Peut-être faut-il dans chaque affaire mettre en place des espaces restreints à l'intérieur desquels fonctionne la non-confidentialité, la barrière de la confidentialité ne fonctionnant qu'entre ces espaces et le monde environnant. Mais quoiqu'il en soit de la façon dont on parviendra à équilibrer confidentialité et publicité – encore une fois, c'est difficile – un point me paraît essentiel : c'est que soit maintenue la confrontation directe des experts en présence de l'instance décisionnelle. Sur ce dernier point, je voudrais évoquer trois difficultés.

La première, c'est que lorsqu'il s'agit de décisions gouvernementales, l'instance décisionnelle est généralement représentée par des membres de l'administration. Le fait que ceux-ci soient souvent experts (j'emploie l'adjectif pour signifier qu'ils sont compétents dans le domaine concerné) soulève des problèmes particuliers sur lesquels je reviendrai bientôt.

La seconde difficulté concerne le cas où les instances qui demandent l'expertise sont des groupes de pression en mal d'argumentaires, des partis politiques, des associations, ou bien des médias, dont chacun sait l'importance dans la constitution de l'opinion publique et dans son expression. Cela pose des problèmes spécifiques sur lesquels il faudrait conduire des recherches. Si vous le permettez, je ne fais ici que signaler ces difficultés, sur lesquelles nous pourrons peut-être revenir au cours du débat.

Pour un organisme de recherche, cependant, la difficulté majeure consiste à rendre compatibles la problématique d'élaboration d'une connaissance interdisciplinaire (qui suppose une volonté de convergence et de consensus) et la problématique d'ouverture d'une procédure contradictoire offrant un espace au politique. Comment les organismes de recherche, qui – comme j'espère l'avoir montré – seront de plus en plus sollicités pour produire des expertises, vont-ils pouvoir conduire parallèlement ces deux processus, l'un consensuel et l'autre conflictuel ?

Je m'en tiendrai à deux suggestions. Je propose d'une part que ces organismes mettent en place des groupes de travail interdisciplinaires destinés à élaborer, question par question, cette connaissance raisonnable aussi objectivement fondée que possible dont je parlais tout à l'heure. Ma seconde suggestion, c'est que certains scientifiques soient officiellement chargés (je dis bien : officiellement), quelles que soient leurs convictions personnelles (demande-t-on aux avocats d'exprimer leur conviction personnelle ?), de se faire les défenseurs d'une option donnée. L'un sera par exemple l'avocat scientifique commis pour plaider l'option selon laquelle la seule solution pour les déchets nucléaires est l'enfouissement. L'autre sera chargé de défendre la solution de l'entreposage en surface en attendant que le progrès technologique vienne apporter une réponse plus satisfaisante que celles qui sont actuellement disponibles. « Madame, Monsieur, leur dira-t-on, vous êtes officiellement chargé(e) de défendre cette cause en mobilisant tous les arguments que la science vous propose. Plusieurs options sont envisagées. Vous plaiderez scientifiquement celle-ci et vous mettrez tout en œuvre pour critiquer scientifiquement les autres options qui seront défendues par un tel et un tel.»

Ensuite, tant que l'affaire se posera grosso modo dans les mêmes termes, ces causes seront plaidées à intervalles réguliers, par exemple une fois tous les deux ans, en présence de personnalités chargées de conduire politiquement un tel processus. À l'issue de ces confrontations – et c'est un point primordial – l'essentiel de ces débats sera publié. Voilà le type de procédure qui me paraît envisageable. La multiplicité et le cumul des publications qui en résulteraient, chacune articulant la science et la politique, déboucherait sur une sorte d'espace public de l'expertise offrant sur chaque sujet important cette expertise permanente dont notre société a de plus en plus besoin. Il est d'ailleurs reconnu que l'un des véhicules essentiels de la transmission des savoirs dans la population est la publicité médiatique qui est faite autour des grands débats et non la curiosité pour des connaissances scientifiques dont, en dehors de telles circonstances, la plupart des gens se désintéressent. Régulièrement réactualisés et publiés, de tels débats constitueraient un puissant vecteur de l'acculturation qui est indispensable à la formation et à la maturation d'une « volonté publique», sans laquelle il ne saurait y avoir de véritable démocratie.

Suivant cette vision, le travail de l'expert consisterait, d'une part à convoquer les ressources actuelles des sciences pour justifier une décision politique qu'il serait officiellement chargé de défendre devant des instances idoines à mettre en place, et d'autre part à critiquer la façon dont les scientifiques chargés de plaider une option concurrente mobilisent les connaissances scientifiques disponibles. À mon avis, les scientifiques mobilisés en tant qu'experts auraient tout à gagner d'un semblable fonctionnement. Ainsi que je l'ai déjà suggéré, cela les exonérerait de l'essentiel de la responsabilité liée à l'expertise: «Vous me chargez de justifier tel choix? D'accord, à partir du moment où quelqu'un d'autre plaide la décision contraire.» On voit bien que cela libérerait les experts en leur évitant d'avoir à prendre une position personnelle, minimisant ainsi le biais dénoncé plus haut. Il n'y aurait plus pour eux à se poser des problèmes déontologiques du type : « Ai-je bien le droit de défendre mon opinion, alors que je ne suis pas sûr d'avoir raison ? » ou au contraire « N'ai-je pas trahi ma cause ? », car il ne s'agirait plus d'opinions ou de causes personnelles. Du même coup, cela permettrait à chaque expert d'aller beaucoup plus loin dans la radicalisation de ses analyses et dans son recours à la science.

Quant à la responsabilité des organismes de recherche, elle consisterait d'abord à identifier les domaines « sensibles » pour anticiper les questions qui exigeront un jour une expertise. Elle porterait ensuite sur la constitution en leur sein (ou entre eux) des structures d'expertise fonctionnant plus ou moins sur le mode de la plaidoirie, sur la gestion de l'équilibre entre confidentialité et conflictualité (est-il nécessaire que des journalistes assistent à ces débats ?) et sur la radicalisation des débats, en donnant à la confrontation des experts un aspect strictement fonctionnel et non point militant. Considérons par exemple l'affaire des prions et des vaches folles : n'est-il pas étonnant que, depuis le temps que le problème est posé, aucun de nos grands organismes de recherche (dont beaucoup sont directement concernés : le CNRS, l'Inra, l'Inserm, le Cneva…) n'ait apparemment pris la mesure du risque et ouvert en son sein un débat de connaissances ? Certes, je ne doute pas que des recherches aient été entreprises et que maintes expertises confidentielles aient été effectuées. Mais il semble que nulle part un processus de confrontation directe d'experts intervenant de manière contradictoire et publique (au sens procédural et restreint que je me suis efforcé de préciser), en présence d'instances politiques responsables, ait été engagé. Si de tels « procès » avaient été plaidés depuis cinq ou même dix ans, on disposerait sans doute à l'heure actuelle d'un dossier fiable adapté à la conjoncture, on aurait soupesé les mesures à prendre et probablement aurait-on alors été en mesure de limiter les dégâts provoqués, non seulement (qui le sait ?) par la maladie elle-même, mais par l'anxiété que ne pouvait manquer de susciter le spectacle de milieux scientifiques et politiques visiblement pris au dépourvu[9].

L'intervention de l'administration chargée d'élaborer les décisions

Je voudrais pour terminer revenir sur le cas des expertises demandées par le gouvernement, parce qu'elles posent un problème difficile du fait de l'interposition de l'administration entre les experts et les instances politiques. En règle générale, la demande d'expertise n'est pas directement formulée par une instance politique, mais par les services administratifs chargés, sinon de prendre les décisions, du moins de les instruire. En sorte que les instances politiques n'entrent pas directement en contact avec les experts scientifiques et n'assistent pas à leurs débats. Il n'est d'ailleurs nullement certain que ces débats aient lieu, comme je l'ai déjà évoqué à propos des expertises confidentielles, car l'un des soucis majeurs de l'administration est précisément d'éviter que de tels débats se produisent. En effet, alors que la vie politique se nourrit de débats publics, la vie administrative s'efforce au contraire d'exclure de tels débats, qui – c'est du moins perçu ainsi – compliquent considérablement son travail. On aura, certes, recours à des contre-expertises, mais la contre-expertise ne remplace pas du tout la confrontation directe des experts, car dans ce cas, c'est l'administration qui demande et reçoit les expertises et en tire la substantifique moelle. C'est donc elle qui arbitre et fabrique une pseudo-convergence pour, finalement, formuler elle-même l'expertise, c'est-à-dire la connaissance qui va justifier la décision. Elle occupe ainsi une place de super-expert qui, dans la confrontation

---

9 J'ai peut-être beaucoup d'audace à m'exprimer ainsi alors que je ne connais rien au problème lui-même, mais je réagis en citoyen moyen et en lecteur du *Monde*...

directe des experts en présence des instances politiques, n'est occupée par personne.

Nous touchons là un point fondamental qui constitue peut-être la caractéristique essentielle qui fait la différence entre la technocratie et la démocratie, que celle-ci soit directe ou représentative. Dans le cas d'affaires complexes aux enjeux importants, l'expertise scientifique constitue – j'y ai insisté – une procédure collective et non point un acte personnel fondé sur une compétence personnelle. Au centre de ce processus ne se situe aucun super-expert jouant le rôle d'arbitre chargé, en quelque sorte de « décider du vrai », mais un espace où se fait voir au politique l'articulation des savoirs et des décisions envisageables. S'il n'en était pas ainsi, le poids du savoir sur le pouvoir serait excessif et la décision risquerait de découler de la position du soi-disant super-expert arbitrant entre les experts. Ceci est à rapprocher de la dépersonnalisation du pouvoir propre au régime démocratique : en effet, dans un tel régime, que trouve-t-on au sommet du pouvoir étatique, sinon un espace procédural qui n'appartient à personne ? Une sorte de lieu vide et sacré où les hommes politiques essayent de planter leur tente au terme des joutes électorales qui leur permettent de gravir la montagne du pouvoir et de se voir enfin – sous de multiples conditions et de façon provisoire – investis de la légitimité qui contraindra les citoyens à se soumettre à leur autorité.

En régime démocratique, l'espace du pouvoir est donc, d'une certaine façon, un espace vide. Ce n'en est pas moins un territoire déjà très occupé par les structures administratives. Ainsi en va-t-il pour l'expertise scientifique sur les affaires complexes aux enjeux importants : si mes analyses sont justes, ce qui contient alors l'expertise ne saurait être la parole que tel ou tel expert ou super-expert adresse au politique, mais l'espace ouvert à celui-ci par la confrontation directe des experts. Or l'intervention de l'administration modifie consi-dérablement ce schéma. Certes, il existera bien un espace conflictuel, mais dans un tout autre lieu et dans un tout autre contexte. J'en ai parlé plus haut à propos de la distinction entre expertise confidentielle et expertise publique. Le conflit se situera au sein de l'appareil d'État, au niveau administratif : conflit entre les ministères, chacun étant en quelque sorte au sein du gouvernement le courtier de certains intérêts (agriculture, industrie, transports…) et chacun faisant confidentiellement appel à ses propres experts pour construire les argumentaires nécessaires à la joute permanente interne au processus de décision gouvernemental. Dans ces conditions, on fera en sorte que le débat demeure contenu dans la sphère des négociations intra-gouvernementales et on fera le maximum d'efforts pour éviter que ce débat sorte de cette sphère. Pourquoi ? Par peur qu'il ne se transforme en un débat public impossible à contrôler. Telle est à mon avis, même dans nos États démocratiques, la tendance de tout appareil administratif. C'est d'ailleurs peut-être encore plus net au niveau de la Commission européenne et il y aurait beaucoup à dire sur la manière dont ladite Commission a recours à l'expertise des scientifiques !

À cette difficulté spécifique s'en ajoute une autre encore plus importante, du moins lorsqu'il s'agit d'un ministère « technique » comme ceux de l'Agriculture, de l'Industrie, des Télécommunications, des Travaux publics ou des Transports, voire même de l'Environnement. Cette difficulté provient du fait que le personnel de ces administrations est en grande partie constitué d'ingénieurs et de scientifiques très compétents dans le domaine sur lequel leur ministère exerce sa tutelle. D'où leur tendance inconsciente à restreindre culturellement le champ de l'expertise à celui de leur propre compétence. Par ailleurs ces responsables administratifs connaissent bien les experts auxquels ils auraient recours s'ils en avaient besoin : ce sont des gens qui ont reçu des formations comparables à la leur et possèdent plus ou moins les mêmes compétences qu'eux. Dans ces conditions, il leur semble inutile de se compliquer la vie en demandant une expertise qu'ils se jugent tout à fait capables de réaliser eux-mêmes. Ils se considèrent donc en mesure de poser eux-mêmes les questions ainsi que d'y répondre, donc de formuler eux-mêmes l'expertise nécessaire à la décision qu'ils ont pour mission d'élaborer. Tel est – dessiné à grands traits – le cadre dans lequel s'effectue actuellement l'expertise scientifique au sein des ministères techniques. Lorsqu'il est tout de même fait appel à une expertise extérieure, agrémentée si nécessaire du recours à la contre-expertise, l'administration se réserve le soin de formuler la « sur-expertise » finale. Comme je le disais, l'expertise est formulée par ceux dont la charge serait de la demander, mais qui ne jugent pas nécessaire de le faire puisqu'ils pensent disposer eux-mêmes de la fameuse « connaissance de cause » nécessaire aux responsables politiques. Ne sont-ils pas, d'ailleurs, recrutés et payés pour cela ?

L'expertise se trouve alors confisquée sans que ceux qui la confisquent ainsi se rendent compte du fait que cette expertise s'en trouve inéluctablement biaisée. Pourquoi ? Parce que, en tant qu'administratifs jouissant d'une véritable délégation de pouvoir politique, ils interrogent la plupart du temps leur propre savoir à partir d'une orientation décisionnelle d'ores et déjà quasi élaborée. Il y a donc fort à parier – et l'expérience le confirme – que leur vision ne prenne pas en compte de nombreux aspects qui eussent exigé l'intervention et la confrontation d'experts de cultures différentes, apportant des « connaissances de cause » différentes, susceptibles de justifier des orientations politiques elles-mêmes différentes.

Cette collusion du savoir et du pouvoir dans une seule et même personne – ou un seul et même corps – doit me semble-t-il être évitée. Le rôle de l'ingénieur ou du scientifique membre de l'administration en charge d'élaborer une décision n'est ni de fournir une expertise ni de décider, mais d'utiliser sa double compétence politique et scientifique pour choisir des experts scientifiques susceptibles d'ouvrir un espace collectif d'expertise correspondant le mieux possible d'une part à la géographie des connaissances et d'autre part à celle des options politiquement envisageables.

Ce n'est qu'après avoir conduit à son terme cette procédure d'expertise que – au moins dans les affaires complexes aux enjeux importants – le scientifique membre de l'administration devrait exercer le pouvoir décisionnel qui lui est délégué. Il lui resterait alors, grâce à sa double compétence politique et scientifique, à assurer l'insertion véritable de l'expertise ainsi obtenue au sein des instances proprement politiques.

Dans le déroulement du processus collectif de décision, le scientifique travaillant dans un ministère technique à l'élaboration de celle-ci se situe certes, comme les experts, à l'interface entre le savoir et le pouvoir, mais à la différence des experts scientifiques, il se trouve placé sur le versant politique de cette interface. Il gère l'expertise, il gère la relation pertinente de celle-ci aux instances politiques, mais – au moins lorsqu'il s'agit de questions complexes – son rôle ne me paraît pas, bien au contraire, de formuler lui-même cette expertise. Il est vrai que tout ceci demande du temps, alors que maintes décisions n'accordent aucun délai. On peut, certes, dénoncer cet état de choses : que de fois, en effet, l'urgence est invoquée (voire provoquée) dans le but de court-circuiter le temps de la réflexion. J'en ai été maintes fois le témoin, en particulier à propos des études d'impact, lorsque j'étais au ministère de l'Environnement. La critique est donc justifiée, mais elle est inopérante, car les politiques ne peuvent pas maîtriser leur propre agenda. Du point de vue de l'expertise, cette situation, si critiquable soit-elle, ne fait que renforcer la responsabilité des organismes scientifiques.

Conclusion
Pour l'institutionnalisation de procédures de préparation permanente des expertises

L'expertise scientifique, précisément parce qu'elle doit être formulée rapidement, demande une longue préparation, dont la responsabilité revient aux scientifiques. Les organismes de recherche publics (CNRS, Inra, Inserm, Orstom, etc.) ont là, me semble-t-il, une importante responsabilité. J'ai insisté sur le fait qu'il leur revient de constituer et de faire fonctionner des groupes de travail stables, où l'ensemble des questions relatives à un problème important pour la société soit brassé, à la lumière des connaissances disponibles, de façon à constituer sur ce problème une « connaissance raisonnable aussi objectivement fondée que possible ».

Il revient encore à ces organismes – c'est du moins ce que je suggère – d'entrer plus avant dans l'expertise proprement dite en prenant pour point de départ non pas le problème lui-même mais les options politiques envisageables à son sujet. Ceci me paraît exiger que, sous la tutelle des ministères dont ils dépendent, les organismes scientifiques mettent en place (en leur propre sein et entre eux) des procédures d'expertise destinées non point à converger sur un consensus mais, au contraire, à ouvrir autant qu'il est possible l'espace de la critique scientifique des options envisageables : c'est cet espace qui contient l'expertise nécessaire à la décision.

Il convient, en outre, que le fonctionnement de ces structures et de ces procédures anticipe les questions prévisibles des politiques. Ce n'est que dans ces conditions que le travail d'expertise deviendra cumulable, car il ne se réduira plus alors à une multitude de réponses plus ou moins ponctuelles, rendues rapidement obsolètes par les vicissitudes et la contingence de la demande politique.

Ces expertises internes au monde scientifique – d'abord interdisciplinaires et consensuelles puis systématiquement contradictoires sous formes de plaidoiries – devraient donner lieu à des publications dans de grandes revues internationales, en sorte que soient instaurés ces espaces publics de l'expertise offrant sur chaque question importante aux hommes politiques et à l'opinion publique (au niveau national et international) la « connaissance de cause » permettant de donner une base solide au débat politique, à quelque moment qu'il intervienne.

Certes, ce travail de fond ne fournira pas directement la réponse à la question précise brusquement soulevée par l'événement qui suscitera un jour la demande d'expertise, mais il aura labouré le domaine où cet événement se produira et ceci rendra possible la formulation rapide de l'expertise demandée par les politiques. Revenons-en une dernière fois à l'affaire de la vache folle : l'objectif est d'éviter qu'une semblable crise, avec ses conséquences imprévisibles et incalculables, survienne et se développe dans le *no man's land* où elle semble aujourd'hui exploser, du point de vue de l'expertise scientifique.

Il faut parvenir à donner à l'expertise un caractère cumulatif : d'une certaine façon, l'expertise devrait toujours avoir été déjà formulée. Je mesure ce qu'a d'excessif cette proposition, mais ce n'en est pas moins l'attente de la société à l'égard du monde scientifique. Et je ne pense pas que la société ait tort, en particulier parce que la science et la technologie sont devenues des facteurs de risque. Elles sont en effet parfois directement à l'origine de graves problèmes auxquels la société doit faire face, sans que les scientifiques et les techniciens aient envisagé leur survenue, ni par conséquent considéré et critiqué les mesures à prendre pour y remédier. Je crois qu'il est essentiel pour l'avenir de nos sociétés que les scientifiques envisagent tous les moyens d'éviter que leurs œuvres ne se retournent contre nous. Il y a là une responsabilité tout à fait évidente des scientifiques et des organismes de recherche qui, j'espère vous en avoir convaincus, seront de plus en plus sollicités et de plus en plus jugés sur leur capacité à répondre aux attentes de la société en matière d'expertise.

Discussion

Question : *Que pensez-vous de la pratique des conférences de consensus, dont on parle beaucoup à l'heure actuelle ?*

Philippe Roqueplo : Je n'ai personnellement jamais participé à de telles conférences, et je ne puis en parler que par ouï-dire. Je prendrai appui sur un rapport de Madame D. Donnet-Kamel, du département Information et Communication de l'Inserm, qui a assisté en juin 1995 à un colloque tenu à Londres sur ce sujet[10].

Les conférences de consensus – dont la pratique se généralise aujourd'hui en Europe – y ont été lancées au Danemark il y a une dizaine d'années, et s'inspirent d'une procédure créée aux États-Unis quelques années plus tôt. Par la suite, de telles conférences ont été organisées aux Pays-Bas et au Royaume-Uni. Il s'agit d'une procédure destinée à préparer les débats parlementaires sur les choix technologiques, en plaçant les citoyens au centre d'un processus d'évaluation publique et contradictoire. Cela prend la forme d'un dialogue entre un panel de citoyens et un panel d'experts, au cours d'une conférence publique qui dure plusieurs jours.

Au départ, une personne spécialement investie de cette responsabilité prend l'initiative de créer un comité d'organisation de la conférence, comité dont l'une des premières activités consiste à diffuser dans la presse un appel pour recruter les « profanes » qui composeront le futur panel (l'expression anglaise utilisée pour le désigner est « *lay panel* » ; en français il semble convenu de l'appeler « panel de citoyens »). Les réponses sont triées avec le plus grand soin : ainsi toute personne connaissant la question est a

---

10 *Dossier d'information sur les conférences de consensus.* Inserm, département de l'Information et de la Communication. Cf. aussi *Inra Mensuel* n° 89, juin-juillet 1996, page 11.

priori considérée comme faisant partie des experts potentiels et éliminée de cette sélection qui retient en définitive une quinzaine de personnes, socialement et politiquement aussi diverses que possible. Le panel de citoyens ainsi constitué va alors consacrer trois à six mois à acquérir, sur le thème choisi, les connaissances indispensables. Ses membres se réuniront durant deux ou trois week-ends, voire davantage, pour travailler ensemble, avec l'appui d'un coordonnateur et d'un secrétariat, de manière à formuler et à hiérarchiser les questions qui leur semblent pertinentes (ces questions étant réparties en deux classes : prioritaires et secondaires).

Le responsable de la procédure désignera, avec l'accord du panel des citoyens, une quinzaine d'experts choisis en fonction des questions posées de manière à composer un collège pluri-disciplinaire le plus ouvert possible. Les questions posées par le panel des citoyens leur ayant été préalablement soumises, ces experts fourniront leurs réponses au cours d'une confé-rence publique, qui constitue le point d'orgue de la procédure.

Cette conférence se déroule en général durant trois jours, en présence et avec la participation du public. Elle met en scène d'un côté le panel des citoyens, de l'autre le panel des experts, l'ensemble étant animé et coordonné par un président de séance. Dans un premier temps, les experts répondent aux questions, puis un débat s'engage entre le groupe des citoyens et le groupe des experts. Les experts eux-mêmes débattent entre eux, puis, si je ne me trompe pas, le groupe des citoyens renvoie la balle, avec des questions complémentaires, qui peuvent aussi émaner du public, etc. Finalement, le panel des citoyens se réunit pour élaborer le document final. Le dernier jour, on lit ce document, auquel les experts apportent les retouches nécessaires pour corriger les erreurs éventuelles.

La couverture médiatique de l'événement permet de diffuser très largement l'avis exprimé par le panel des citoyens, afin de susciter et de nourrir des débats dans tout le pays, tant au sein des familles que dans les milieux professionnels ou politiques. Ces débats préparent la discussion parlementaire et créent les conditions d'émergence de décisions aussi consensuelles que possible. Telle est du moins l'approche adoptée au Danemark, où l'on dit privilégier le résultat obtenu, alors que la Grande-Bretagne et les Pays-Bas disent au contraire favoriser l'expression du débat lui-même !

Quoi qu'il en soit, il s'agit d'une procédure qui vise à faire s'exprimer le questionnement de la société s'adressant à des experts et en même temps à provoquer une confrontation entre les savoirs d'experts et les valeurs sociales. Il s'agit plus largement d'accroître le niveau d'information des citoyens sur le problème traité et de stimuler leur réflexion à son sujet. C'est prodigieusement intéressant. Comme l'écrit Madame Donnet-Kamel : « Ces conférences publiques de consensus représentent une véritable innovation : ce sont des exercices de démocratie participative qui renouvellent le concept de forum démocratique. »

Quant aux thèmes de ces conférences, ils concernent des sujets intéressant l'ensemble de la société, dont l'évaluation nécessite l'intervention des connaissances détenues par les experts, et qui impliquent des questions non résolues en particulier quant aux attitudes des citoyens à l'égard de nouvelles technologies. Ont ainsi été traités des sujets tels que l'application des biotechnologies à l'animal, l'ingénierie génétique dans l'agriculture et l'industrie, l'utilisation des connaissances sur le génome humain, la pollution atmosphérique, l'irradiation des aliments, l'avenir des transports individuels, le traitement de l'infertilité, etc.

Question : *À ce sujet, pensez-vous que tous les pays d'Europe ont les mêmes conceptions et les mêmes pratiques de l'expertise ? Les discussions ne sont-elles pas appauvries en France par le caractère souvent manichéen du débat d'idées et par l'attitude très catégorique de nombreux experts, qui reflète d'ailleurs l'image de la connaissance scientifique dans notre* *société, marquée par la culture de la certitude plutôt que par celle du doute ?*

Philippe Roqueplo : Je m'appuierai pour vous répondre sur le cas très démonstratif du développement de l'énergie nucléaire dans notre pays. Un livre très intéressant, publié il y a maintenant quelques années par Dorothy Nelkin et Michael Pollak[11] a comparé les modalités de la mise en œuvre de l'énergie nucléaire – je ne parle ici que des applications civiles et non de l'armement – en France et en Allemagne. Il montre que le rôle des experts est extrêmement dépendant de la structure du monde politique et de l'organisation des processus de décision.

En Allemagne existe un système décentralisé, dans lequel les Länder disposent de pouvoirs importants, d'une assez grande capacité d'initiative et de tribunaux. Cette pluralité fait que les Länder peuvent entrer en conflit avec le pouvoir central, que leurs tribunaux peuvent prononcer des jugements différents sur des cas pourtant semblables, chacun de ces jugements fournissant l'occasion de faire appel à l'expertise. De plus les tribunaux ne jugent pas seulement de la légalité des décisions, mais de leur bien-fondé en termes stratégiques. D'où de vastes débats sur des hypothèses stratégiques extrêmement ouvertes. Et lorsqu'un procès est gagné, les forces politiques corres-pondantes sont évidemment renforcées. Ceci est à rapprocher du fait que les mouvements de citoyens sont beaucoup plus développés et plus puissants en Allemagne qu'en France, notamment à l'échelle municipale où la gestion des affaires techniques n'est pas concédée à de grandes entreprises, comme c'est par exemple le cas en France pour l'adduction d'eau. Les municipalités allemandes gèrent elles-mêmes leurs affaires et ce système favorise un appel à l'expertise beaucoup plus pluraliste et beaucoup plus diversifié que chez nous.

---

11 Dorothy Nelkin and Michael Pollak : *The Atom Besieged. Antinuclear Movements in France and Germany.* MIT Press, Cambridge, 1981.

En France, la situation peut par comparaison apparaître pathologique. Je ne parle pas seulement du système qui consiste – je viens de l'évoquer – à concéder la gestion de certains services publics à des entreprises en dehors de tout réel contrôle démocratique. Plus généralement, il existe chez nous, dans de nombreux domaines, une sorte de collusion entre la haute administration et les experts scientifiques. Ce phénomène que j'ai évoqué tout à l'heure, tient en grande partie à la formation commune de la haute administration des ministères techniques et des experts : lorsque les responsables administratifs des ministères font partie du même corps que les experts scientifiques, lorsqu'ils partagent le même savoir, véhiculent les mêmes convictions et les mêmes valeurs – c'est typiquement le cas pour l'énergie nucléaire – il se forme un bloc d'expertise qui peut objectivement être considéré comme un groupe de pression. Parmi les facteurs aggravants, je citerai le contrôle exercé par l'administration sur l'expertise – contrôle dont je vous ai entretenus tout à l'heure – et le fait qu'il n'existe qu'un seul tribunal vraiment compétent pour traiter des conflits relatifs à ce type de problèmes : le Conseil d'État. Tout ceci est constitutif du centralisme technocratique qui caractérise notre pays et qui contribue à confisquer certains débats d'une manière qui apparaît fort peu démocratique si l'on compare la situation qui en résulte avec celle qui prévaut dans les pays voisins.

J'en ai fait personnellement l'expérience lors du lancement de la *Gazette nucléaire*, en 1976. Un certain nombre de scientifiques directement concernés venaient de fonder le Groupement des scientifiques pour l'information sur l'énergie nucléaire (GSIEN), lequel s'est donné un moyen d'expression avec la Gazette nucléaire. L'idée était de fournir sinon une contre-expertise, du moins une critique de l'expertise officielle. Que s'est-il passé ? Nous avons été considérés comme incompétents. Ceux qui s'exprimaient pouvaient bien être au Collège de France et être reconnus comme des physiciens éminents, ils n'ont pas été davantage pris en considération que s'ils n'avaient pas eu leur certificat d'études !

Ceci a d'ailleurs eu de fâcheuses conséquences pour le mouvement écologique, qui était en plein développement en France et qui s'investissait fortement dans la contestation anti-nucléaire. Le fait que cette contestation ait pris pour une grande part la forme d'une revendication pour le droit à l'expertise a placé cette contestation au niveau même de l'expertise. À la limite, on peut dire qu'il s'agissait moins du nucléaire lui-même et de l'expression d'un refus de ce nucléaire, que du droit à se faire entendre par les nucléo-crates. On ne saurait imputer cela ni au GSIEN ni à la *Gazette Nucléaire*, mais il n'en reste pas moins que la morgue hautaine des instances nucléaires a eu pour conséquence que la lutte anti-nucléaire s'est déplacée et, avec elle, une part importante de la lutte menée à ce moment là par les Verts. On en est venu à une sorte de conflit de prestance qui se situait à un niveau qui n'était plus celui de la mobilisation écologiste. Je suis enclin à penser que cela a coûté extrêmement cher au mouvement écologiste en France. Du moins cela montre-t-il à quel point le système décisionnel français est, dans de tels domaines, dominé par un véritable bastion qui s'approprie la décision en s'appropriant l'expertise. D'où la forme prise par ce conflit.

Lorsque je vais à l'étranger (par exemple en Angleterre où j'ai été précisément invité pour traiter de ce problème) on me demande souvent : « Mais comment donc a-t-il été possible de développer en France un programme nucléaire d'une telle importance ? » Il ne s'agit pas d'une question sur le fond, mais sur la forme : le problème qui interpelle nos voisins, c'est que la France ait pu, politiquement, socialement, déve-lopper un programme nucléaire d'une telle ampleur. Et c'est vraiment une question : comment fonctionne politiquement la France pour que ce que l'on n'a pas pu faire en Allemagne, ce que l'on n'a pas pu faire aux États-Unis, ait été possible en France ? La réponse tient en grande partie dans cette collusion entre le monde de l'expertise et le monde administratif chargé d'élaborer la décision. Face à cette collusion, toute opinion contraire et toute expertise critique sont disqualifiées, comme incompétentes et irresponsables.

Ma réponse est un peu sèche, un peu brutale, mais je vous conseille de vous reporter aux analyses sociologiques très fines – et, je crois, très pertinentes – de Dorothy Nelkin et Michael Pollak. Vous pouvez également lire sur le même problème l'ouvrage de Dominique Finon[12], qui a fait sa thèse de doctorat sur les surgénérateurs. C'est un spécialiste de la question. Il n'en a pas moins été considéré – j'en suis personnellement témoin – par les gens du nucléaire comme définitivement incompétent. Ceci joue d'ailleurs au sein même du gouvernement où se déroule ce processus de décision que j'ai analysé à propos des expertises confidentielles. J'en ai fait l'expérience lorsque j'étais au cabinet du ministre de l'Environnement : lors de réunions au sommet sur une question comme par exemple celle du traitement des déchets, le seul fait d'évoquer la possibilité qu'il y ait de sérieux problèmes avait pour unique résultat que vos arguments étaient balayés d'un revers de main, la question ne pouvant pas même être envisagée par quelqu'un se prétendant si peu que ce soit « objectivement informé » !

Le verrouillage du système décisionnel français favorise chez les gens qui sont en quelque sorte officiellement propriétaires de l'expertise des attitudes étonnantes, faites d'ironie et de morgue condescendantes, visant avant tout à éviter que le débat, même en réunion interministérielle, ne s'engage. On est évidemment aux antipodes des conférences de consensus dont nous parlions tout à l'heure !

---

12 Finon D., 1989. *L'échec des surrégénérateurs. Autopsie d'un grand programme*. Presses Universitaires de Grenoble.

Question : *Les médias, tout comme les politiques, n'ont-ils pas leur part de responsabilité dans l'appauvrissement du débat ?*

Philippe Roqueplo : La relation très médiatisée entre le politique, le grand public et les experts scientifiques soulève un problème de fond, qui a trait à la nature des questions posées par les uns et à la compréhension de ces questions par les autres, et *vice versa*. Une question même très simple posée par le grand public ou les politiques va être interprétée de façon très particulière par un scientifique, qui la ramène très généralement à ce qu'il appréhende dans sa spécialité. Il réduit ainsi, sans s'en rendre compte, le sens de la question en sorte que sa réponse aura elle-même une portée réduite, alors que le politique ou le grand public lui prêteront une portée plus générale. Je vous donne un exemple simple, tiré d'une émission entendue à la radio il n'y a pas longtemps. La question posée à un scientifique était la suivante : « La maladie de la vache folle entraine-t-elle ou non un risque pour qui consomme du beefsteack ? » La réponse a été la suivante : « La question ne peut pas être posée comme cela. La question, c'est d'évaluer la probabilité liée à ce risque. » Or ce type d'énoncé conduit à des problèmes redoutables. Pour un scientifique, dire qu'un événement a une probabilité inférieure à un pour cent mille ou un pour un million, c'est dire que pratiquement cet événement n'existe pas. La question est donc réglée. Or l'évaluation de probabilités aussi faibles est hautement hasardeuse.

Curieusement, la science n'est pas aussi attachée à l'exactitude qu'on pourrait le penser : la littérature scientifique fourmille d'évaluations qui sont remises en cause six mois après, sans que personne dise jamais que le premier scientifique avait dit une bêtise. On évolue donc dans une relative incertitude. Par ailleurs, les chiffres n'ont pas le même sens pour tout le monde. Une probabilité de un pour un million, compte tenu du nombre de consommateurs et du nombre de repas quotidiens, pour le politique comme pour le grand public, ça n'est plus du tout insignifiant !

Cela me rappelle des discussions que nous avions entre scientifiques à propos du nucléaire. L'un de mes collègues disait : « On devrait faire connaître que le risque d'un accident significatif sur une centrale nucléaire est de un pour un million, pour que le grand public se rende compte et se rassure. » Je répondais : « Il ne se rendra pas compte, parce que toutes les semaines des millions de gens jouent au loto. Or la probabilité de gagner le gros lot au loto est encore nettement plus faible, mais ils pensent néanmoins que cela vaut le coup, parce qu'il y a un gagnant toutes les semaines ! » Ceci pour attirer votre attention sur le fait que si l'on n'y prend garde, la relation entre l'expert et le politique ou le public est souvent, voire ordinairement, entachée d'incompréhension mutuelle.

Ces questions de risques sont des questions difficiles au niveau du langage. Je ferai simplement la remarque suivante : la plupart des scientifiques réduisent leur approche du risque à une évaluation de la probabilité du risque et éventuellement de sa gravité. Cette approche vide le risque de sa substance existentielle. Et j'ai toujours envie de dire à ces scientifiques : « Mais faites donc un peu de haute montagne ! Vous ne serez plus confronté au problème abstrait du calcul des probabilités mais au problème concret de la conscience du risque ; c'est cette conscience concrète que signifie le fait d'être confronté à un danger potentiel ! » En outre, le risque provoqué par les autres n'est pas du tout supporté de la même façon que celui qu'on choisit soi-même. Le professeur Tubiana a beau dire, le risque lié au tabac est peut-être majeur, mais enfin les cigarettes, « on se les fume » !

Le concept de risque, si souvent inscrit au cœur de l'expertise scientifique, est en lui-même extrêmement difficile[13]. En tout état de cause, le risque est une construction sociale et les

---

13 Je renverrai ici aux ouvrages de Patrick Lagadec et de Denis Duclos.

médias – pour en venir à votre question – jouent un rôle fondamental dans cette construction. Permettez-moi à ce sujet une
petite histoire : dans le cadre d'un groupement de recherche
sur le risque scientifique et technologique fut organisé
voici cinq ou six ans un colloque réunissant journalistes et
membres du groupe de recherche, sur le rôle des médias dans
la construction sociale du risque. Le colloque eut lieu, mais
le débat fut impossible car les journalistes invités ont refusé
cette problématique en disant : « Notre seule responsabilité,
c'est d'informer. Nous n'avons pas à prendre en considération
quelque autre rôle que ce soit. » C'est pourtant un très gros
problème que l'intervention de la presse dans les situations où
il s'agit de risque. Il faudrait reprendre cette question.

Pour ce qui est du rôle des politiques et des médias, il faut
comprendre que beaucoup de problèmes environnementaux,
par exemple celui de l'évolution du climat, ont un tel poids
économique (le climat c'est des milliers de fois la vache folle,
de ce point de vue) qu'il est inenvisageable qu'un pouvoir
politique quel qu'il soit puisse prendre les décisions qui s'imposent. C'est tout simplement politiquement impossible. Le
pouvoir des gouvernements est en effet nécessairement limité.
Les équipes au pouvoir ne font qu'y passer et les conditions
mêmes de leur accès au pouvoir (les élections) constituent
une limitation fondamentale : s'ils prétendent prendre des
décisions qui dépassent la légitimité que la population leur
donne, eh bien ils sont renvoyés chez eux et remplacés. Si
les suivants prétendent à leur tour prendre les décisions en
question, ils seront à leur tour renvoyés chez eux et remplacés ;
mais comme ils le savent, ils ne l'envisageront même pas. La
possibilité même de prendre des décisions – du moins des
décisions très lourdes – dans un domaine donné dépend donc
de l'acculturation des populations dans ce domaine, laquelle
acculturation passe effectivement par les médias.

D'où la conclusion suivante : l'interface entre les scientifiques et les médias est le lieu stratégique à long terme de
tous les problèmes dont nous parlons. D'autant qu'il s'avère

que ce sont les grands débats qui interpellent les citoyens
– j'ai évoqué cela tout à l'heure – et qui sont le véhicule de la
connaissance nécessaire à cette acculturation.

Question : *Vous venez de dire que les grands débats publics
sont le véhicule du savoir. Pouvez-vous préciser cette idée,
donner des exemples ?*

Philippe Roqueplo : Prenons par exemple le problème de
l'enfouissement des déchets. Je ne crois pas que la population
s'intéresse tellement à cette question. Elle ne s'y intéresse
que dans la mesure où il faut bien choisir des emplacements
et où chacun est plus ou moins potentiellement concerné
par ce choix : en pratique, cela n'intéresse donc les gens que
dans la mesure où ils craignent de voir un jour un site d'enfouissement s'installer dans leur voisinage. Dans tous ces
problèmes d'environnement, le comportement des citoyens
(et par conséquent leur information) est déterminant. C'est le
segment stratégique essentiel.

Voyez par exemple l'histoire des lessives sans phosphates.
Voyez aujourd'hui le cas de la viande bovine. Jamais le
grand public ne va s'intéresser sans raison particulière à la
constitution chimique des lessives ou à l'épidémiologie de
l'encéphalite spongiforme des vaches. En revanche, ce qui
fait tout à coup un foin du diable, c'est la suspicion portée sur
la viande de bœuf que chacun consomme. Et c'est autour de ce
débat-là qu'une information considérable va passer à propos
du caractère à la fois infectieux et génétique de cette maladie,
à propos de sa similitude avec la tremblante du mouton et avec
la maladie de Creutzfeldt-Jakob chez l'homme, etc. En toute
hypothèse, ce débat va transmettre énormément de connaissances nouvelles qui, autrement, n'auraient pas intéressé les
gens. Les prions, personne ou presque n'en avait entendu
parler avant 1995. En tout cas pas moi ! Je vous renvoie aux
travaux de Jean-Pierre Pagès, du CEA, qui a fait des études
très précises sur la vulgarisation des connaissances scientifiques : les gens ne retiennent que s'ils sont intéressés et ils

ne sont intéressés que dans des situations qui les concernent. Le grand problème de la vulgarisation, c'est de parvenir à répondre à un intérêt réel chez ceux auxquels elle s'adresse. Si la télévision diffuse des programmes de vulgarisation scientifique en faisant l'hypothèse qu'il suffit qu'ils soient intéressants et pédagogiques, les gens déjà assez cultivés pour y trouver intérêt les écouteront peut-être, mais ceux qui n'y connaissent rien trouveront cela rasoir et zapperont direction Guy Lux! En arrosant ainsi le public de façon uniforme sans répondre de façon différenciée à ses propres intérêts, on creuse donc les écarts culturels au sein du public. Or il semble bien que cet écueil soit évité par les grands débats politiques, éthiques ou technologiques, dans la mesure où ils concernent tout le monde : c'est pourquoi ils constituent des canaux très efficaces d'information et d'acculturation.

Ceci nous ramène à l'expertise scientifique et à son articulation à la vie politique. Elle s'y trouve au croisement de deux processus. D'une part, le pouvoir en place doit prendre des décisions qui soient scientifiquement légitimes. C'est clair. Aucun pouvoir en place ne peut se désintéresser de cette légitimation scientifique. Mais d'autre part, ce même pouvoir a aussi besoin de conserver sa légitimité politique, c'est-à-dire d'avoir un regard sur les prochaines élections. On peut bien sourire en disant «Ah, les élections, ce n'est pas rationnel». C'est possible! Mais ce n'est quand même pas si mal, comme méthode de gouvernement! Quoi qu'il en soit, ces deux légitimités se croisent, dans la mesure où, pour que le gouvernement puisse prendre des décisions en conservant sa légitimité électorale, il faut que ces décisions non seulement soient «rationnellement» légitimes (ce dont il s'assure en s'appuyant sur l'expertise confidentielle), mais encore que le débat public (provoqué entre autres par la diffusion du conflit entre experts) permette de faire transiter vers les populations la connaissance nécessaire pour faire évoluer leur conception et susciter ce qu'on appelle la «volonté générale». Il n'est d'ailleurs pas exclu – je vous renvoie ici aux conférences de consensus dont nous parlions tout à l'heure – que cette «transition du savoir» fonctionne dans l'autre sens : depuis l'opinion publique rationnellement consciente (ou rendue rationnellement consciente) de la gravité d'une question vers un pouvoir gouvernemental qui semble ne pas vouloir en prendre conscience. Dans l'un et l'autre cas, les scientifiques sont au croisement de la légitimation technique de la décision et, dans la mesure où ils interviennent dans les débats publics, de la formation de l'opinion publique, laquelle crée les conditions sociales et politiques de la décision envisagée. C'est une situation qui donne au scientifique une très grande responsabilité à l'égard des problèmes dont nous discutons. Et je suis personnellement persuadé que si l'on ouvrait davantage l'espace de l'expertise on ferait d'une pierre deux coups : on améliorerait le niveau d'information de la population et on permettrait au politique de réconcilier ces deux rationalités, scientifique et électorale, qu'il a souvent beaucoup de mal à conjuguer.

Donc oui, les débats sont le grand véhicule du savoir dans ces domaines ; oui, les médias jouent un rôle considérable dans la diffusion de ces débats ; oui, la démocratie est probablement, par les débats publics qu'elle implique, la condition politique de la vérification des expertises et par conséquent de leur rationalité ; oui, les expertises ouvertes sont probablement la condition d'un exercice démocratique en matière de décisions lourdes et d'environnement. Donc je ne crois pas du tout que sur de tels problèmes, démocratie et rationalité s'opposent. Au contraire, je me méfie des gens qui ont une rationalité fermée au nom d'un savoir qu'ils monopolisent.

Question : *Si l'on vous suit, l'expertise comporterait deux temps, deux espaces :*
– d'une part le temps et l'espace de l'expertise « scientifique », avec ce que vous avez dit du passage de la pluridisciplinarité à l'interdisciplinarité par le rassemblement des compétences qui doit aboutir à la construction du sens sur une question

concrète qui émane des décideurs. On voit assez bien le rôle et la responsabilité des institutions de recherche dans cette première phase ;
– d'autre part le temps de l'expertise «publique», avec une dialectique où les scientifiques ont pour rôle d'ouvrir un espace qui contient du vrai. Mais où se situe exactement la responsabilité des institutions de recherche dans ce deuxième temps ?

Philippe Roqueplo : Je suis d'accord avec votre analyse, à la terminologie près. Je préférerais ne pas utiliser le terme d'expertise pour ce que vous avez appelé le premier temps, celui de la synthèse interdisciplinaire. C'est un assessment, à la fois inventaire et évaluation du savoir disponible. Comme une sorte de grande revue bibliographique généralisée permettant de faire le point sur l'état de l'art, sur les connaissances et les techniques, y compris les controverses et les hypothèses… C'est indiscutablement un travail qui revient aux organismes scientifiques ayant pour mission de couvrir un certain domaine (comme c'est le cas de l'Inra) ; ce travail devrait être effectué dans la perspective de réponses à fournir à la demande éventuelle d'expertises. Ceci doit conduire ces organismes à anticiper de telles demandes, c'est-à-dire à prospecter systématiquement les terrains sur lesquels se posent certains problèmes susceptibles de susciter un jour des «affaires» à propos desquelles il est probable que des expertises seront demandées. Il convient donc de construire cette connaissance et pour cela de mettre en place, pour chacun des grands problèmes identifiés, un collectif de gens qui se connaissent et ne craignent pas d'entrer en controverse les uns avec les autres, et qui seront d'emblée capables de situer un problème dans sa complexité propre et dans celle de son contexte. D'une certaine manière, il s'agit même de rendre l'ignorance utilisable : qui peut parler avec pertinence de ce qui doit être pris en considération mais est mal connu ou ignoré ? Seuls ceux qui ont une connaissance du terrain sur lequel précisément se pose un problème qui, par hypothèse, n'est pas résolu, mais qui est au moins identifié, avec son contexte, ses implications, etc. Du point de vue de l'interdisciplinarité, le plus important est donc l'existence de ces pôles de compétence focalisés sur un problème donné, en relation avec le terrain où il se pose.

Cependant – je crois m'en être expliqué – je ne dirais pas que ces collectifs font de l'expertise. Leur mission, c'est de préparer l'ancrage de l'expertise dans la connaissance. Et cela, je suis convaincu qu'il est de plus en plus indispensable de le faire, dans la mesure où la demande d'expertise scientifique ne peut que se développer. Certains organismes de recherche l'ont bien compris et se sont attelés à cette tâche. Cette fonction de veille monte par exemple en puissance à l'Inserm, où plusieurs sujets ont été traités par des groupes pluridisciplinaires, de manière très intéressante. Je viens ainsi de lire une excellente étude intitulée *La grippe, stratégie de vaccination.*

S'agissant maintenant du deuxième temps, celui qui consiste pour les chercheurs à ouvrir par leurs plaidoiries contradictoires un espace de débat, les organismes de recherche ont également, me semble-t-il, à prendre l'initiative sans attendre les situations de crise. La simulation des débats possibles dont j'ai parlé plus haut et qui mobiliserait des chercheurs auxquels on confierait des rôles, doit d'abord s'effectuer à froid sans attendre la crise. Il s'agit de préparer le terrain de l'expertise pour le jour où elle sera urgente. Le pouvoir politique est naturellement hypersensible aux situations de crise et la temporalité politique posera toujours problème, sans doute même de plus en plus, en raison de la médiatisation croissante. Il faudra bien que les scientifiques s'organisent pour y répondre. Mais précisément, il ne suffit pas pour cela de préparer la connaissance, il faut aussi préparer les réponses elles-mêmes : connaître et répondre sont deux choses un peu différentes. Le propre de la réponse d'un expert, je vous l'ai dit, c'est de s'articuler au politique et par conséquent aux rythmes qui sont les siens et qu'il ne peut pas maîtriser, pas plus que les pompiers ne maîtrisent le rythme des sirènes qui les convoquent ou le médecin celui des appels des malades.

Il est certainement possible que les organismes de recherche préparent ainsi non seulement le terrain des expertises mais les expertises elles-mêmes, c'est-à-dire ces espaces conflictuels dont j'ai parlé à propos de l'expertise publique. Pourquoi cette anticipation est-elle possible? D'abord parce que même si les politiques se succèdent au pouvoir, on peut considérer que ce que j'ai appellé l'articulation des reliefs de la connaissance à ceux de l'ensemble des décisions socialement et politiquement envisageables n'évolue généralement pas très vite. On peut par conséquent mettre en place à ce niveau un processus cumulatif, y compris dans la problématique conflictuelle visant à rendre manifeste aux yeux du politique cette articulation. Ce qui – pour reprendre l'analogie judiciaire – serait un peu comparable au rôle de la jurisprudence dans le fonctionnement de la justice. Et si tout à coup survient une découverte fondamentale, qui bouscule toute la problématique antérieure, ou bien si se dégage soudain une orientation politique imprévue, eh bien on reprendra le processus : comme nous avons vu que Le Monde le faisait dire au professeur Dormont « réunissons-nous et réfléchissons » ! Tout ceci peut – du moins dans la plupart des cas – se dérouler sans intervention du politique. Encore faut-il que les organismes de recherche légitiment et valorisent l'activité d'expertise et soient persuadés de la nécessité de mettre en place les procédures correspondantes ! Et que les chercheurs entrent eux-mêmes dans cette problématique.

Question : *Est-il possible de pousser un peu plus loin votre analyse du rôle des organismes publics de recherche en matière d'expertise scientifique ? Vous savez qu'une des particularités françaises réside dans la très grande taille des organismes de recherche, ainsi que dans la nature particulière de leurs relations avec leurs ministères de tutelle. Par rapport aux deux temps de l'expertise que vous avez* *distingués, l'élaboration de connaissances raisonnables aussi objectivement fondées que possible et la participation au débat public, considérez-vous que la situation particulière des grands organismes de recherche français positionne leur rôle différemment qu'en Grande-Bretagne ou dans d'autres pays ?*

Philippe Roqueplo : Je ne suis pas assez compétent pour bien répondre à cette question intéressante. Mais j'en profite pour revenir sur les rapports entre les organismes de recherche et leurs tutelles. Je ne connais pas l'Inra, mais je le vois comme un grand organisme qui, du point de vue de la recherche et d'une certaine ingénierie, couvre un domaine assez bien déterminé et dispose d'une assez large autonomie. Alors j'ai envie de vous dire : tant qu'il ne se passe rien, tant que l'on n'est pas en situation de crise, n'attendez aucune directive, aucune initiative de l'administration sur de semblables questions ! Comment voulez-vous qu'il en soit autrement ? Mon expérience au CNRS, c'est que les gens qui sont nommés au ministère de la Recherche ne savent pas toujours ce qu'ils ont exactement à y faire. Alors ils consultent les chercheurs. Ils organisent réunions sur réunions pour parvenir à déterminer ce qu'ils vont, ensuite, leur demander de faire ! Par exemple, pour obtenir que soit entrepris un type de recherche donné, ils consultent un certain nombre de chercheurs afin de préparer un appel d'offres, puis ils les convoquent à nouveau pour dépouiller les réponses et évaluer les projets retenus… Donc les chercheurs et les organismes sont de toute façon partie prenante des orientations de la recherche et, d'une certaine façon, sont en avance sur les responsables administratifs. Certains ne se font d'ailleurs pas faute de peser sur eux pour obtenir les décisions qu'ils souhaitent !

Mon avis est qu'en matière d'expertise, c'est aux chercheurs de précéder la mise en place des dispositifs officiels. Lorsqu'apparaît un problème nouveau (comme par exemple, il y a une dizaine d'années, la maladie de la vache folle), l'Inra peut se sentir commissionné d'une part pour rassembler la connaissance interdisciplinaire la plus large possible, et d'autre part pour préparer ce que j'ai appelé un espace public articulant le politique et le scientifique en faisant une sorte de simulation politique des débats probables. C'est une décision qui me semble être du ressort de l'Inra, un problème interne à l'Inra ! Il en irait d'ailleurs de même pour le Max Planck Institut, l'Institut Pasteur ou l'Inserm, etc. Ceci aurait pour résultat que le jour où le problème explosera, on puisse très vite mobiliser l'expertise et élaborer les décisions nécessaires.

Je sais bien que certains de ces organismes (en particulier l'Inserm) n'ont pas attendu pour engager les recherches et pour effectuer le travail de compilation et de réflexion inter-disciplinaire dont il a été question. Mais ils pourraient aussi – et c'est surtout de cela qu'il s'agit ici – entrer plus avant dans l'expertise elle-même et dans la construction de cet « espace public de l'expertise » sur l'instauration cumulative duquel j'ai insisté.

Question : *On peut certes ironiser sur l'Administration et sur le pouvoir politique, mais il faut tout de même parfois leur rendre justice, notamment dans cette affaire de la vache folle. En effet, dès qu'il y a eu des problèmes graves en Grande-Bretagne, en 1989, les pouvoirs publics français ont demandé, sous l'impulsion du ministère de l'Agriculture et de celui de la Recherche, que l'on procède à un examen général du problème. Cela a abouti à la rédaction du rapport Dormont qui a été publié en 1991, auquel la presse a fait un large écho et sur la base duquel un certain nombre de mesures ont été prises. C'est l'exemple d'une situation où les pouvoirs publics ont agi préventivement, même si cela n'a pas suffi à éviter la crise, qui dépasse largement notre pays.*

Philippe Roqueplo : Tout à fait d'accord. Ceci dit, même si je trouve bien que le ministère prenne l'initiative, j'estime aussi que normalement les scientifiques n'auraient pas dû avoir besoin que le ministère le leur demande. Je tiens d'ail-leurs à souligner que s'il est ici tant question aujourd'hui de l'affaire des vaches folles, c'est à cause du vacarme qu'elle suscite actuellement. Mais lorsque je préparais cette conférence, il n'en était pas encore publiquement question. Vous comprendrez donc que je sois assez imprécis à ce sujet.

Question : *On pourrait bien sûr citer d'autres cas, où l'Inra en particulier a pris l'initiative. Mais il est vrai que nous préférons être mandatés, notamment par nos tutelles, pour la bonne raison que leurs demandes s'accompagnent des moyens nécessaires en termes de crédits ! De ce fait, le jeu normal, c'est pour nous d'alerter les ministères, afin qu'ils lancent une initiative sur tel ou tel problème. Dans le cas de la vache folle, une difficulté supplémentaire justifiait leur intervention, c'est qu'il s'agissait à l'évidence d'un problème trans-organismes. Il est dans ce cas beaucoup plus difficile d'espérer que les organismes prennent d'eux-mêmes le problème en charge. Il s'agit certes d'un problème d'agriculture, mais aussi et surtout de police sanitaire et de santé publique... Et pour ce qui concerne l'Inra, aucune recherche sur le sujet n'avait été entreprise, parce que cette pathologie n'existait pas en France, il ne faut pas l'oublier. Donc les ministères ont joué là un rôle qu'ils étaient problement les seuls à pouvoir jouer à l'époque, et il faut souligner qu'ils l'ont fait.*

Philippe Roqueplo : Vous me permettrez de répondre d'abord sur un point de détail : le fait que la maladie n'existait pas en France n'est pas un argument valable. La recherche n'a pas à se polariser sur l'hexagone ! Autrement dit, si c'est un problème qui se pose ou dont on pressent qu'il va se poser (où que ce soit), c'est suffisant.

Question : *Peut-être l'Inra aurait-il pu en faire davantage à ce sujet... Cependant, installer une recherche en pathologie contagieuse bovine alors que la pathologie en question n'existe pas sur le territoire français, compte tenu du coût énorme et des risques sanitaires associés, est-ce que cela n'aurait pas été un choix pour le moins discutable ?*

Philippe Roqueplo : Je suis à la fois d'accord et pas d'accord avec ce qui vient d'être dit. Je n'ai jamais prétendu que l'Inra aurait dû faire des recherches sur la question, et je n'ai absolument aucune compétence pour en juger. J'ai dit qu'il me semblerait souhaitable que les organismes de recherche compétents mettent en place, lorsqu'un problème de ce type émerge, une structure pluridisciplinaire d'inventaire et d'évaluation des connaissances disponibles, puis commencent à simuler le futur débat politico-scientifique sans attendre que les ministères les sollicitent, ce qui interviendra neuf fois sur dix lorsque la crise sera imminente, sinon déclenchée.

Que cet exercice fasse apparaître la nécessité d'entreprendre des recherches, j'en suis profondément convaincu. Les débats de ce genre, tournés vers le diagnostic et l'état des lieux, vont de plus en plus s'imposer comme le meilleur moyen de mettre en évidence les insuffisances de nos connaissances et de désigner des thèmes de recherche. Mais c'est un autre sujet, et je reviens en arrière pour préciser mon propos. Ce qui m'étonne, c'est que les scientifiques ne manifestent guère la capacité, dans leur propre organisme ou entre organismes, d'anticiper sur des débats – qui pourtant les concernent directement – de manière à faire apparaître les options possibles, ne serait-ce que pour arrêter leur propre stratégie, ou pour alerter les pouvoirs publics et les aider à mettre en œuvre le principe de précaution.

Visiblement, les scientifiques n'ont guère l'habitude de faire cela, d'exercer une veille sur leur domaine de compétence, de travailler au diagnostic. Je suis d'ailleurs pour ma part persuadé que nous allons vers un conflit assez grave entre l'activité scientifique de diagnostic et l'activité scientifique de recherche souvent polarisée par la promotion de l'innovation et le développement technologique. Un tel conflit n'épargnera pas un organisme tel que l'Inra, qui se trouvera au contraire en première ligne, compte tenu de sa vocation !

Il faut donc que les chercheurs, en particulier ceux de l'Inra, s'habituent à exercer les deux fonctions. À la question de savoir si l'expertise peut devenir un métier pour les chercheurs, je réponds donc par la négative. Pourquoi? Parce que je suis persuadé que cela deviendra de plus en plus une dimension fondamentale de la vie de tous les chercheurs, un aspect essentiel de l'exercice de la fonction pour laquelle la société les paye: élaborer des diagnostics et participer à la définition des solutions envisageables. Même s'ils n'y arrivent pas, même s'ils estiment que cela dépasse leurs compétences, au moins que les chercheurs prennent l'habitude d'essayer: ils seront mieux à même de le faire le jour où cela sera vraiment nécessaire et urgent!

C'est pour moi une conviction profonde. Il y a plus de vingt ans que je travaille sur les conditions d'une maîtrise du développement technologique et sur les problèmes d'environnement posés par ce développement. Le contexte évolue vite et cela me conduit à tirer le signal d'alarme et à dire à mes amis chercheurs: «Mais enfin la techno-nature (c'est mon langage!), ça va nous créer une pagaille épouvantable si vous ne vous en préoccupez pas!» Or, à l'Inra, vous êtes aux premières loges. C'est très joli de promouvoir les cultures et les rendements, les biotechnologies et les plantes transgéniques, mais le temps n'est plus où on pouvait se contenter de cette approche. Il va bien falloir conjuguer les deux types de fonctions dont je vous parlais, et je vous souhaite bien du plaisir pour mener de front d'une part l'amélioration de la production ainsi que de la transformation des produits agricoles et d'autre part le diagnostic sur l'avenir des sols, de l'eau, de la biodiversité et des paysages ruraux! Pourtant, il faudra bien y venir, et vous le savez tous: si cela ne se fait pas chez vous, mais où donc cela pourra-t-il se faire?

Question: *Selon vous, l'expertise ne peut ni ne doit donc devenir un nouveau métier à temps plein pour certains scientifiques?*

Philippe Roqueplo : C'est une question difficile. Je vais cependant m'efforcer d'y répondre, parce que je m'y sens obligé. Je me trouve en effet, selon ma propre théorie de l'expertise, institué devant vous comme expert en matière d'expertise ! Ayant accepté de me trouver à la place où vous m'avez mis, je ne puis me récuser, mais j'ai conscience, ce faisant, de courir le risque d'être conduit à en dire plus que je n'en sais ! Si je vous propose une réponse, c'est donc en nourrissant l'espoir que des avis opposés s'exprimeront ensuite. Autrement dit, sachant que dans ce domaine l'Inra devra un jour ou l'autre prendre un certain nombre de décisions, j'avance ma réponse pour contribuer à faire de la question du « métier d'expert scientifique » l'objet d'une expertise collective contradictoire, conformément au schéma que je vous ai présenté.

Pour donner une réponse non ambiguë, je dirai d'emblée que je ne pense pas que la pratique de l'expertise puisse constituer un véritable métier pour un scientifique. Encore faut-il considérer la pluralité des situations d'expertise. Il existe en effet un grand nombre de situations qui exigent l'intervention d'experts professionnels. Ainsi en fut-il dans mon village, après que le garagiste se fut fait défigurer par la jante d'une roue dont il était en train de réparer le pneu. On fit appel à un expert qui faisait profession d'analyser de tels accidents. Il est évident que de tels experts existent et font de leur expertise un métier. Ou plutôt : il est évident que la pratique d'un métier précis dans un domaine donné apporte une compétence autorisant celui qui la possède à l'exploiter de manière professionnelle, pour expertiser les situations qui peuvent se produire dans le domaine de cette compétence.

Question : *Votre dernier argument ne semble pas très convaincant. En effet, les cabinets d'experts, en général, ne recrutent pas des personnes ayant préalablement acquis des connaissances spécifiques dans des domaines précis,*

*mais plutôt des juristes ou des ingénieurs débutants, qui sont
directement formés à l'expertise.*

Philippe Roqueplo: Vous avez peut-être raison, tant qu'il
s'agit, comme vous venez de le dire, de juristes et d'ingénieurs, qui sont des experts professionnels et généralistes.
La situation de l'expertise scientifique, qui nous occupe, est
assez différente. Pour porter un diagnostic scientifiquement
fondé, il faut, me semble-t-il, un savoir qui pour être valide
exige une spécialisation et je doute fort que, une fois ainsi
spécialisé, le scientifique puisse vivre de l'expertise, son
domaine étant trop étroit pour lui fournir une clientèle. La
possibilité d'une professionnalisation de l'expertise scientifique me paraît donc peu probable.

Si d'ailleurs un chercheur se transformait en expert à plein
temps, cela équivaudrait de sa part à abandonner la recherche
et à s'exclure par le fait même de la communauté scientifique.
Or sur quoi asseoir la légitimité du choix d'un expert, sinon
sur le fait qu'il est, dans le domaine de son éventuelle intervention comme expert, scientifiquement reconnu? Ce n'est
peut-être pas une condition suffisante, mais c'est au moins
une condition nécessaire! Combien de temps un scientifique
qui a abandonné toute activité de recherche peut-il conserver
une compétence indiscutée? Ne risquerait-on pas en définitive
de mettre rapidement sur la touche les chercheurs devenus
des experts professionnels? Voilà me semble-t-il des questions sérieuses. Quoi qu'il en soit, lorsqu'il s'agit de ce que
j'ai appelé précédemment des affaires complexes aux enjeux
importants (comme l'incidence des engrais sur les sols,
l'avenir de la nappe phréatique, du climat, de l'atmosphère,
des déchets, des décharges, etc.), il me semble beaucoup plus
probable que l'expertise concernera, à des degrés divers,
sinon tous, du moins un très grand nombre de scientifiques
et qu'elle deviendra une dimension – partielle, certes, mais
permanente – de leur métier de chercheur (ou d'enseignant).

Question : *La mise en œuvre de vos propositions soulèverait un certain nombre de difficultés. Tout d'abord, les chercheurs ne sont-ils pas trop souvent confinés dans leur laboratoire, intellectuellement enfermés dans leur problématique personnelle et insuffisamment ouverts vers l'extérieur ? On peut douter que beaucoup soient prêts à se mobiliser sur des questions d'expertise. Sur un autre plan, la procédure de confrontation directe d'experts se faisant les avocats de points de vue opposés est peut-être difficile à faire fonctionner, dans la mesure où un scientifique peut lui-même être partagé et éprouver une difficulté à endosser un rôle partial. Et s'il le fait, s'il accepte de jouer le jeu, ne risque-t-il pas d'être ensuite catalogué, étiqueté comme partial, ce qui pourrait lui occasionner ultérieurement des difficultés dans sa vie professionnelle ? C'est ainsi par exemple qu'il y a dix ou quinze ans, les chercheurs qui engageaient une recherche sur l'agriculture biologique s'exposaient ainsi à être étiquetés « pro-bio », même s'ils envisageaient seulement d'y voir clair de façon objective, et cela n'était pas bien vu…*

Philippe Roqueplo : Les scientifiques ne sont-ils pas trop enfermés ? Ma première réponse, c'est que je ne crois pas que l'expertise soit un travail pour les jeunes scientifiques. Or ce sont surtout les jeunes scientifiques qui sont « enfermés ». Ils ont à se former, à faire leurs preuves, à engager leur carrière, et ce n'est pas un service à leur rendre que de leur proposer de s'engager dans des débats pluridisciplinaires dont on ne maîtrise pas l'évolution et dont les produits sont rarement susceptibles d'une valorisation scientifique. On peut le regretter, mais c'est ainsi. Il s'agit plutôt d'un travail pour des chercheurs qui ont atteint une certaine maturité, dont la culture et l'expérience sont plus larges et qui n'ont plus à faire leurs preuves de la même façon. Ceci dit, la tâche consistant à rassembler, évaluer, ordonner, synthétiser les connaissances qui peuvent être mobilisées pour analyser un problème donné, peut en principe fort bien fournir la matière d'une thèse.

En ce qui concerne la seconde partie de votre question, je crois que l'articulation entre l'approche scientifique et l'approche politique des problèmes doit être abordée dans le calme et le sérieux, de manière dépassionnée et « désubjectivisée », si je puis dire. Comment y parvenir ? Imaginons que notre expert soit un chercheur Inra spécialiste des biotechnologies. Voilà qu'on le mobilise pour intervenir dans un débat sur les conséquences des applications de telle technique sur laquelle travaille son équipe ; et voilà qu'en plus on lui confie le soin de développer des arguments hostiles à la mise en œuvre de cette technique. Cela suppose, évidemment, que les autorités scientifiques qui lui ont confié ce rôle le fassent savoir sans aucune ambiguïté, et que ce chercheur soit jugé non pas sur le rôle qu'on lui a confié mais sur la manière dont il l'a rempli. Ce qu'on pourrait lui reprocher, par exemple, c'est d'avoir omis de parler de tel papier particulièrement important pour le point de vue qu'il était chargé de défendre. Il est en effet de la responsabilité de l'expert scientifique, chargé d'explorer et d'exploiter le savoir disponible – d'une part pour défendre une thèse, d'autre part pour en critiquer d'autres – de bien gérer ce stock. Ceci dit, s'il est complètement en désaccord avec le point de vue qu'on lui demande de soutenir, il me semble qu'il faut lui laisser la possibilité de refuser.

Tout ceci paraît a priori difficile à mettre en œuvre, mais je pense que, comme c'est souvent le cas, la mise en pratique fera tomber d'elles-mêmes la plupart des objections.

Question : *Ceci renvoie au problème de l'évaluation de la fonction d'expertise assumée par les scientifiques. Quelles sont vos propositions à ce sujet ?*

Philippe Roqueplo : L'évaluation est une affaire très difficile. La première chose qu'on peut dire, c'est qu'il est indispensable que les tâches d'expertise soient considérées par les instances d'évaluation comme partie intégrante de l'activité scientifique, et qu'elles soient donc systématiquement prises en compte dans l'évaluation des chercheurs (et des organismes de recherche) au même titre, par exemple, que les activités de formation ou de valorisation de la recherche. L'importance relative de ces missions dans l'activité d'un chercheur est relativement facile à estimer et c'est un indicateur pertinent.

Quant à l'évaluation de la qualité des prestations, elle est beaucoup plus délicate. Vous remarquerez d'ailleurs – si vous prolongez la comparaison avec les missions de formation – que l'on n'évalue généralement pas la qualité de l'enseignement dispensé : on se contente d'en évaluer le volume et le niveau. Pour l'expertise, on est dans une situation un peu comparable, c'est-à-dire qu'il est possible d'évaluer – à travers la nature des questions traitées, l'identité du demandeur d'expertise et le type de procédure (simple rapport, expertise confidentielle ou publique, procédure contradictoire) – la reconnaissance accordée au chercheur qui a été mobilisé et l'importance de la tâche qui lui a été confiée. Les rapports d'expertise, lorsqu'ils sont fournis, peuvent également être évalués par un rapporteur.

Voilà donc pour ce qui concerne l'évaluation de la participation individuelle des chercheurs aux missions relevant spécifiquement de l'expertise scientifique, lesquelles missions, je le répète, ne doivent représenter qu'une petite partie (peut-être 5 à 10 %) de l'activité d'un chercheur.

Si chaque chercheur confirmé participait en moyenne à un débat d'experts tous les ans, ça serait déjà beau ! Et il faut que cela fasse partie du curriculum vitae du chercheur concerné, que l'on sache qu'il s'agit d'un chercheur accessible à la chose publique. C'est une activité qui prédispose, si je puis dire, à l'exercice de responsabilités. Et si un chercheur y est complètement allergique, je pense qu'il faudra aussi en tenir compte pour le déroulement de sa carrière.

Ce que je viens de dire concerne la pratique de l'évaluation des chercheurs dans le contexte de la gestion de leur carrière par l'institution dont ils dépendent. Une autre question se pose : celle de la vérification de la qualité du travail d'expertise en tant que tel. Je distinguerai deux niveaux. Il me semble d'abord que l'évaluation « immédiate » de l'expertise fait partie du processus d'expertise lui-même et que le débat contradictoire doit permettre d'évaluer à la fois la procédure et le contenu de l'apport de chacun.

L'élargissement de cette évaluation pose ensuite un problème de transparence et de diffusion. C'est pourquoi je pense qu'il serait bon que ces débats donnent lieu à une publication ; pourquoi pas dans Nature ou dans Science lorsqu'il s'agit de grands débats, organisés au niveau national ou international ? En tout cas, il faudrait que ce soit publié et accessible, en particulier aux chercheurs. À partir de là, n'importe quel spécialiste pourra dire : « Le type qui était chargé de défendre telle position n'a trouvé que ça à dire ? Vraiment il n'a pas fait son boulot ! » et cela débouchera sur de nouvelles réactions, peut-être sur une relance du débat, bref sur des modalités d'évaluation finalement assez comparables à l'évaluation des résultats scientifiques par la communauté scientifique.

Question : *Des formations spécifiques devraient-elles selon vous être mises en place pour préparer les chercheurs à ces missions d'expertise qui prennent une importance croissante ?*

Philippe Roqueplo : Je le pense en effet, et pour deux raisons. La première, c'est que les chercheurs sont d'une manière générale très mal informés de la nature réelle de l'expertise scientifique. C'est d'ailleurs la raison de ma présence ici : j'espère que notre débat contribuera à informer les chercheurs de l'Inra sur ce sujet et à les préparer à de telles missions !

La seconde raison, c'est que je suis très impressionné par les difficultés qu'éprouvent généralement les chercheurs à se comprendre et à se faire comprendre dès lors qu'ils s'adressent à un collègue d'une autre spécialité. Or, comme j'y ai insisté, l'expertise met toujours en jeu un débat pluridisciplinaire. Il y a donc, je crois, un vrai besoin d'une pédagogie du dialogue interdisciplinaire. Je suis convaincu que beaucoup de scientifiques refusent de s'exprimer tout simplement parce qu'ils ne veulent ou ne savent pas sortir du vocabulaire utilisé dans leur propre discipline.

D'une manière générale, je pense que l'instauration d'un dialogue suppose que l'on tienne à ses interlocuteurs un discours « vulnérable », qui leur offre des points d'accrochage, sur lequel ils puissent réagir et qu'ils puissent contester. Chaque fois que nous leur adressons un discours totalement « invulnérable », nous instaurons de fait non pas un dialogue mais un rapport de force, d'autorité, de pouvoir. C'est peut-être paradoxal (sauf aux yeux de scientifiques familiers avec le concept popperien de falsification), mais je pense qu'il nous faut être attentif à rendre notre discours « vulnérable », par la clarté et par le travail rédactionnel. C'est un gros travail que de rendre « vulnérable » l'expression de ce qu'on pense, mais c'est la seule façon d'échanger vraiment… Ceci dit, je n'ai pas de réponse quant à la nature et au contenu concret des formations qu'il faudrait mettre en œuvre pour développer chez les chercheurs cette aptitude au dialogue interdisciplinaire.

Question : *Dans la mesure où l'expertise va s'appuyer sur ce que vous appelez le stock des connaissances établies, reconnues, c'est-à-dire conformes à l'orthodoxie de telle ou telle discipline, n'est-elle pas vouée à rester impuissante à trancher dès lors que justement l'interpellation dépasse les limites de ce savoir conventionnel ?*

Philippe Roqueplo : Cette question renvoie à un très vaste problème, qui dépasse largement notre sujet. J'y répondrai simplement que dans un groupe pluridisciplinaire, réunissant des biologistes, des sociologues, des économistes, des juristes, que sais-je, vous êtes beaucoup moins limité par le conformisme scientifique, qui est généralement lié aux chapelles disciplinaires. Vous avez donc plus de chances de voir s'y exprimer des pensées disciplinairement hétérodoxes (si tant est que ce soit toujours souhaitable !) que dans des échanges mono-disciplinaires.

Question : *Vous définissez l'expertise comme l'appui à la décision. Comment définiriez-vous l'appui à l'exécution d'une décision, prôné par exemple dans le Contrat d'objectifs de l'Inra ?*

Philippe Roqueplo : Je ne connais pas le texte en question, mais vous posez, si je vous comprends bien, une question qui me semble fondamentale et que je me suis moi-même beaucoup posée à propos des deux affaires que j'ai étudiées (celle du dépérissement des forêts et celle de l'effet de serre). Cela m'a conduit à distinguer deux sortes d'expertise scientifique, que je propose d'appeler respectivement « expertise-alerte » et « expertise opérationnelle ».

D'abord l'expertise-alerte : à un moment donné un scientifique (ou un groupe de scientifiques) prend conscience, à tort ou à raison, de l'existence d'une menace et pousse un cri d'alarme. C'est exactement le point où nous en sommes pour ce qui est de l'évolution du climat. Que clament en effet les scientifiques sinon qu'un risque existe, qu'il faut diminuer les émissions de gaz à effet de serre et mettre en œuvre le principe de précaution ? Ainsi un climatologue de renom concluait-il (il y a, il est vrai, quelques années mais la situation n'a guère changé) une interview sur la question par ces mots . « Au total, la certitude se réduit à une seule chose : les gaz à effet de serre augmentent, et un risque existe. »[14] À quoi il ajoutait aussitôt « Le reste est superflu. » Un risque existe et il faut faire quelque chose. Mais quoi ? Réponse : mettre en œuvre le principe de précaution ! Certes, mais concrètement qu'est-ce que cela signifie ? Réponse : diminuer les pollutions. Certes, mais jusqu'à quel point ? Comment ? Jusqu'à quel coût ?

---

14 Citation de I. Rasool, expert à la NASA, co-responsable de l'International Geosphere Biosphere Program (IGBP), dans *Science et Avenir*, décembre 1992, p. 22.

Les experts scientifiques sont-ils capables, en s'appuyant
sur leurs savoirs, d'aider les politiques à déterminer avec
précision le détail des actions à entreprendre ? La réponse
semble plutôt négative : une chose est en effet de prononcer
un diagnostic et autre chose de savoir fournir les éléments
permettant de déterminer de façon précise la thérapeutique exigée par ce diagnostic, c'est-à-dire de formuler ce
que j'appelle une expertise opérationnelle. C'est-à-dire une
expertise qui ne montre pas seulement la nécessité d'agir
mais qui puisse fonder scientifiquement les actions à décider.
Il peut paraître étonnant qu'une expertise-diagnostic qui
mobilise tant de scientifiques (pensons aux quelque deux
mille scientifiques ayant participé à l'expertise de l'IPCC)
et qui a si fortement contribué à mettre en branle tous les
gouvernements débouche sur une expertise opérationnelle
qui aide si peu ceux-ci à déterminer ce qu'il est à la fois
nécessaire et possible de faire. Cela a aussi été le cas pour les
forêts, c'est le cas en ce moment pour l'effet de serre, c'est
grosso modo le cas, du moins me semble-t-il, pour la vache
folle[15]… Et c'est en partie inévitable, même s'il apparaît
dans certains cas que l'on aurait pu mettre en œuvre plus
tôt les recherches fournissant les éléments d'une certaine
expertise opérationnelle.

Question : *Quelle est la nature exacte de la responsabilité
de l'expert ? Engage-t-il sa responsabilité propre, y compris
sa responsabilité juridique ? Engage-t-il la responsabilité de
son organisme, ou simplement la responsabilité morale de sa
profession ?*

---

15 Il convient ici de rappeler que ce débat sur l'expertise scientifique a eu lieu le
9 avril 1996, c'est-à-dire au tout début de « l'affaire » de la vache folle, dont le développement subit pesait fortement sur notre discussion, ce qui était fort inconfortable pour moi,
s'agissant d'un dossier sur lequel je n'ai fait aucune recherche. Ceci m'a peut-être conduit
à m'avancer outre mesure. Cependant, les événements qui sont survenus depuis confirment
mon diagnostic sur l'extrême difficulté pour les scientifiques de fournir, en ce domaine
comme en d'autres, une expertise opérationnelle.

Philippe Roqueplo: C'est un chantier ouvert et je ne suis pas le mieux placé pour vous parler de ces problèmes qui concernent au premier chef les juristes. Une chose néanmoins me paraît certaine, c'est que si l'on fait porter à l'expert le poids de la décision (ce que les personnes chargées de cette décision ont souvent tendance à faire pour s'exonérer de leurs propres responsabilités), on charge ses épaules d'une façon déraisonnable. Je crois qu'il faut poser différemment le problème, en termes de procédures.

Reprenons l'exemple de la procédure contradictoire que je vous ai proposée. Qu'est-ce que cela signifie en termes de responsabilité, sinon que Monsieur X se déclare d'accord pour intervenir en qualité d'expert, avocat scientifique d'une certaine cause, à la condition expresse que soit nommé en même temps que lui un autre expert, chargé de défendre le point de vue opposé? Dans de telles conditions, sa responsabilité est claire: elle se limite à une obligation de moyens classique, qui rejoint la déontologie professionnelle générale: «Ai-je bien joué mon rôle? Ai-je bien rempli ma tâche de convocation du savoir?»

À l'heure actuelle, dans la confusion fréquente entre l'adjectif «expert» et le substantif, dans l'incertitude permanente concernant la distinction entre science et expertise scientifique ainsi que l'articulation de celle-ci à la décision, devant l'opacité des processus de décision, etc., ces questions de responsabilité se posent de façon extrêmement floue. C'est pourquoi je crois que le gros travail à faire en priorité, c'est de mettre en place des procédures définissant précisément les rôles de chacun. La question des responsabilités est une question seconde, dans la mesure où les responsabilités découlent des rôles définis par les procédures.

La question, c'est de savoir si chacun a effectivement fait, et correctement fait, ce qu'il avait à faire. Mais évidemment cela suppose que tous connaissent clairement la nature des fonctions qui leur sont confiées. Et pour cela il faut d'abord accepter l'idée qu'une décision n'est pas un coup de poing individuel, plus ou moins arbitraire et subit, mais l'aboutissement d'un processus complexe, collectif et progressif, au sein duquel l'expert scientifique a un rôle précis à jouer. C'est de ce rôle que j'ai essayé de vous entretenir.

Pour en savoir plus

Ouvrages de Philippe Roqueplo

Le partage du savoir. Science, culture, vulgarisation. Paris, Ed. du Seuil, coll. « Science ouverte », 1974, 3ᵉ éd. 1987.

Penser la technique. Pour une démocratie concrète. Paris, Ed. du Seuil, coll. « Science ouverte », 1983.

Cultiver la technique. Rapport au ministère de la Culture. Paris, Dalloz, 1983.

Pluies acides : menaces pour l'Europe. Paris, Economica, coll. « CPE », 1988.

Climats sous surveillance. Limites et conditions de l'expertise scientifique. Paris, Economica, 1993.

Articles de Philippe Roqueplo

Le statut social des pluies acides. In *Mon and his Ecosystem. Proceedings ofthe 8th World Clean Air Congress, 1989*, 6 p.

Les pluies acides considérées comme un « accident au ralenti ». *Métropolis, 1989*, 58-73.

Les experts en otages. *Sciences et Avenir*, n° 83, juillet-août 1991, 92-95.

L'expertise scientifique, consensus ou conflit ? In *La terre outragée. Les experts sont formels*. Paris, *Autrement*, janvier 1992, 157-169.

Effet de serre : une véritable expertise est-elle possible ? *La Recherche*, n° 259, nov. 1993, 1280-83.

L'expertise scientifique entre pouvoirs politiques, administrations et opinions publiques. *Gazette Nucléaire*, n° 143/144, 1995, 27-32.

Autres auteurs

Michel Callon et Arie Rip, Humains, non-humains : morale d'une coexistence. In *La terre outragée. Les experts sont formels*. Paris, *Autrement*, janvier 1992, 140-156.

Denis Duclos, La science absorbée par la commande administrative. In *La terre outragée. Les experts sont formels*. Paris, Autrement, janvier 1992, 170-187.

François Ewald, L'expertise, une illusion nécessaire. In *La terre outragée. Les experts sont formels*. Paris, Autrement, janvier 1992, 204-209.

Patrick Viveret, Le pouvoir, l'expertise, la responsabilité. In *La responsabilité*. Paris, Autrement, janvier 1994, 236-248.

Philippe Fritsch, Situations d'expertise et « expert-système ». In *Situations d'expertise et socialisation des savoirs*. Table ronde organisée par le CRESAL, 1985, document de travail à diffusion restreinte, 17-47.

Ouvrage collectif, Actes d'expertise et responsabilités : le risque montagne. Techniques, territoires et sociétés. *Prospectives sciences sociales* n° 28, janvier 1995. Paris, Ministère de l'Équipement, des transports et du tourisme, 49 p.

Dans la revue *Natures-Sciences-Sociétés*

Maurice Bonneau, D'une problématique sociale à une problématique scientifique : le cas des « pluies acides ». *NSS*, 1993, 1(3), 221-231.

L'académie des sciences et l'environnement : réflexions sur l'expertise scientifique. Un entretien avec Claude Fréjacques. *NSS*, 1993, 1(3), 232-237.

Olivier Godard, Science et intérêts : la figure de la dénonciation. À propos d'un livre d'Yves Lenoir sur l'effet de serre. *NSS*, 1993, 1(3), 238-245.

Michel Danais, L'expertise en situation d'arbitrage ou l'expert catalyseur : le cas de la tourbière de Quimper. *NSS*, 1995, 3(3), 224-233.

Imprimé pour vous
par Books on Demand (Allemagne)
Dépôt légal : février 1997